轨道交通装备制造业职业技能鉴定指导丛书

废水处理工

中国中车股份有限公司　编写

中国铁道出版社

2016年·北京

图书在版编目(CIP)数据

废水处理工/中国中车股份有限公司编写 . —北京:
中国铁道出版社,2016.3
(轨道交通装备制造业职业技能鉴定指导丛书)
ISBN 978-7-113-21338-1

Ⅰ.①废… Ⅱ.①中… Ⅲ.①废水处理－职业技能－
鉴定－自学参考资料 Ⅳ.①X703

中国版本图书馆 CIP 数据核字(2016)第 012725 号

书　　名:轨道交通装备制造业职业技能鉴定指导丛书
　　　　　废水处理工
作　　者:中国中车股份有限公司

策　　划:江新锡　钱士明　徐　艳
责任编辑:冯海燕　　　　　　　编辑部电话:010-51873017
封面设计:郑春鹏
责任校对:焦桂荣
责任印制:陆　宁　高春晓

出版发行:中国铁道出版社(100054,北京市西城区右安门西街 8 号)
网　　址:http://www.tdpress.com
印　　刷:北京尚品荣华印刷有限公司
版　　次:2016 年 3 月第 1 版　2016 年 3 月第 1 次印刷
开　　本:787 mm×1 092 mm　1/16　印张:11.5　字数:280 千
书　　号:ISBN 978-7-113-21338-1
定　　价:00 元

序

在党中央、国务院的正确决策和大力支持下，中国高铁事业迅猛发展。中国已成为全球高铁技术最全、集成能力最强、运营里程最长、运行速度最高的国家。高铁已成为中国外交的金牌名片，成为高端装备"走出去"的大国重器。

中国中车作为高铁事业的积极参与者和主要推动者，在大力推动产品、技术创新的同时，始终站在人才队伍建设的重要战略高度，把高技能人才作为创新资源的重要组成部分，不断加大培养力度。广大技术工人立足本职岗位，用自己的聪明才智，为中国高铁事业的创新、发展做出了杰出贡献，被李克强同志亲切地赞誉为"中国第一代高铁工人"。如今在这支近 9.2 万人的队伍中，持证率已超过96%，高技能人才占比已超过 59%，有 6 人荣获"中华技能大奖"，有 50 人荣获国务院"政府特殊津贴"，有 90 人荣获"全国技术能手"称号。

高技能人才队伍的发展，得益于国家的政策环境，得益于企业的发展，也得益于扎实的基础工作。自 2002 年起，中国中车作为国家首批职业技能鉴定试点企业，积极开展工作，编制鉴定教材，在构建企业技能人才评价体系、推动企业高技能人才队伍建设方面取得明显成效。

中国中车承载着振兴国家高端装备制造业的重大使命，承载着中国高铁走向世界的光荣梦想，承载着中国轨道交通装备行业的百年积淀。为适应中国高端装备制造技术的加速发展，推进国家职业技能鉴定工作的不断深入，中国中车组织修订、开发了覆盖所有职业（工种）的新教材。在这次教材修订、开发中，编者基于对多年鉴定工作规律的认识，提出了"核心技能要素"等概念，创造性地开发了《职业技能鉴定技能操作考核框架》。试用表明，该《框架》作为技能人才综合素质评价的新标尺，填补了以往鉴定实操考试中缺乏命题水平评估标准的空白，很好地统一了不同鉴定机构的鉴定标准，大大提高了职业技能鉴定的公平性和公信力，具有广泛的适用性。

　　相信《轨道交通装备制造业职业技能鉴定指导丛书》的出版发行,对于推动高技能人才队伍的建设,对于企业贯彻落实国家创新驱动发展战略,成为"中国制造2025"的积极参与者、大力推动者和创新排头兵,对于构建由我国主导的全球轨道交通装备产业新格局,必将发挥积极的作用。

中国中车股份有限公司总裁：

二〇一五年十二月二十八日

前　言

鉴定教材是职业技能鉴定工作的重要基础。2002年,经原劳动保障部批准,原中国南车和中国北车成为国家职业技能鉴定首批试点中央企业,开始全面开展职业技能鉴定工作。2003年,根据《国家职业标准》要求,并结合自身实际,我们组织开发了《职业技能鉴定指导丛书》,共涉及车工等52个职业(工种)的初、中、高3个等级。多年来,这些教材为不断提升技能人才素质、满足企业转型升级的需要发挥了重要作用。

随着企业的快速发展和国家职业技能鉴定工作的不断深入,特别是以高速动车组为代表的世界一流产品制造技术的快步发展,现有的职业技能鉴定教材在内容、标准等诸多方面,已明显不适应企业构建新型技能人才评价体系的要求。为此,公司决定修订、开发《轨道交通装备制造业职业技能鉴定指导丛书》。

本《丛书》的修订、开发,始终围绕打造世界一流企业的目标,努力遵循"执行国家标准与体现企业实际需要相结合、继承和发展相结合、质量第一、岗位个性服从于职业共性"四项工作原则,以提高中国中车技术工人队伍整体素质为目的,以主要和关键技术职业为重点,依据《国家职业标准》对知识、技能的各项要求,力求通过自主开发、借鉴吸收、创新发展,进一步推动企业职业技能鉴定教材建设,确保职业技能鉴定工作更好地满足企业发展对高技能人才队伍建设工作的迫切需要。

本《丛书》修订、开发中,认真总结和梳理了过去12年企业鉴定工作的经验以及对鉴定工作规律的认识,本着"紧密结合企业工作实际,完整贯彻落实《国家职业标准》,切实提高职业技能鉴定工作质量"的基本理念,以"核心技能要素"为切入点,探索、开发出了中国中车《职业技能鉴定技能操作考核框架》;对于暂无《国家职业标准》、又无相关行业职业标准的38个职业,按照国家有关《技术规程》开发了《中国中车职业标准》。自2014年以来近两年的试用表明:该《框架》既完整反映了《国家职业标准》对理论和技能两方面的要求,又适应了企业生产和技术工人队伍建设的需要,突破了以往技能鉴定实作考核缺乏水平评估标准的"瓶颈",统一了不同产品、不同技术含量企业的鉴定标准,提高了鉴定考核的技术含量,提高了职业技能鉴定工作质量和管理水平,保证了职业技能鉴定的公平性和公信力,已经成为职业技能鉴定工作、进而成为生产操作者综合技术素质评价的新标尺。

本《丛书》共涉及99个职业(工种),覆盖了中国中车开展职业技能鉴定的绝大部分职业(工种)。《丛书》中每一职业(工种)又分为初、中、高3个技能等级,并按职业技能鉴定理论、技能考试的内容和形式编写。其中:理论知识部分包括知识要求练习题与答案;技能操作部分包括《技能考核框架》和《样题与分析》。本《丛书》按职业(工种)分册,已按计划出版了第一批75个职业(工种)。本次计划出版第二批24个职业(工种)。

本《丛书》在修订、开发中,仍侧重于相关理论知识和技能要求的应知应会,若要更全面、系统地掌握《国家职业标准》规定的理论与技能要求,还可参考其他相关教材。

本《丛书》在修订、开发中得到了所属企业各级领导、技术专家、技能专家和培训、鉴定工作人员的大力支持;人力资源和社会保障部职业能力建设司和职业技能鉴定中心、中国铁道出版社等有关部门也给予了热情关怀和帮助,我们在此一并表示衷心感谢。

本《丛书》之《废水处理工》由原长春轨道客车股份有限公司《废水处理工》项目组编写。主编张锐钢,副主编李智奎;主审李铁维,副主审孙吉珠;参编人员李卓航。

由于时间及水平所限,本《丛书》难免有错、漏之处,敬请读者批评指正。

中国中车职业技能鉴定教材修订、开发编审委员会
二〇一五年十二月三十日

目　　录

废水处理工(职业道德)习题

一、填 空 题

1. 职业道德建设是公民( )的落脚点之一。

2. 如果全社会职业道德水准( ),市场经济就难以发展。

3. 职业道德建设是发展市场经济的一个( )条件。

4. 企业员工要自觉维护国家的法律、法规和各项行政规章,遵守市民守则和有关规定,用法律规范自己的行为,不做任何( )的事。

5. 爱岗敬业就要恪尽职守,脚踏实地,兢兢业业,精益求精,干一行,爱一行( )。

6. 企业员工要熟知本岗位安全职责和( )规程。

7. 企业员工要积极开展质量攻关活动,提高产品质量和用户满意度,避免( )发生。

8. 提高职业修养要做到:正直做人,坚持真理,讲正气,办事公道,处理问题要( )合乎政策,结论公允。

9. 职业道德是人们在一定的职业活动中所遵守的( )的总和。

10. ( )是社会主义职业道德的基础和核心。

11. 人才合理流动与忠于职守、爱岗敬业的根本目的是( )。

12. 市场经济是法制经济,也是德治经济、信用经济,它要靠法制去规范,也要靠( )良知去自律。

13. 文明生产是指在遵章守纪的基础上去创造( )而又有序的生产环境。

14. 遵守法律、执行制度、严格程序、规范操作是( )。

15. 废水处理工应掌握触电急救和人工呼吸方法,同时还应掌握( )的扑救方法。

16. 废水处理工应具有高尚的职业道德和高超的( ),才能做好废水处理工作。

17. 职业纪律和与职业活动相关的法律、法规是职业活动能够正常进行的( )。

18. 诚实守信,做老实人、说老实话、办老实事,用诚实( )获取合法利益。

19. 奉献社会,有社会( )感,为国家发展尽一份心,出一份力。

20. 公民道德建设是一个复杂的社会系统工程,要靠教育,也要靠( )、政策和规章制度。

21. 要自觉维护法律的尊严,善于用法律武器维护自己的合法权益,对违法之事敢于揭发,对违法之人敢于斗争,见义勇为,伸张正义,做( )卫士。

22. 熟知本岗位安全职责和安全操作规程,增强自我保护意识,按时参加班组安全教育,正确使用防护用具用品,经常检查所用、所管的设备、工具、仪器、仪表的( )状态,不违章指挥,不违章冒险作业。

23. 增强责任意识,以高度负责的态度开展工作,以科学务实的态度对待工作,注重工作的实际效果和效益,讲实话、( )、重实效。

24. 保护环境,遵守公共秩序,树立"保护环境,人人有责"的观念,维护公共卫生,不随地吐痰,不乱扔垃圾,不乱涂乱画,爱护花草树木,培养符合环境( )要求的生活习惯和行为方式。

25. 按图纸标准和工艺要求核对原材料零配件、半成品,调整规定的设备、工具、仪器、仪表等加工设施,严格遵守( )标准和操作规程。

26. 认真进行质量控制、检查,定期按规定做好( )记录及合格率,一次合格率的记录与统计。

27. 职业化是一种按照职业道德要求的工作状态的( )、规范化、制度化。

28. 敬业的特征是( )、务实、持久。

29. 从业人员在职业活动中应遵循的内在的道德准则是( )。

30. 员工的思想、行动集中起来是( )的核心要求。

31. 职业化管理不是靠直觉和灵活应变,而是靠( )、制度和标准。

32. 职业活动内在的道德准则是( )、审慎、勤勉。

33. 职业化核心层面的是( )。

34. 建立员工信用档案体系的根本目的是为企业选人用人提供新的( )。

35. 不管职位高低人人都厉行( )。

36. 班组长及所有操作工在生产现场和工作时间内必须穿( )。

37. 企业生产管理的依据是( )。

二、单项选择题

1. 随着现代社会分工发展和专业化程度的增强,市场竞争日趋激烈,整个社会对从业人员职业观念、职业态度、职业( )、职业纪律和职业作风的要求越来越高。
(A)法制　　　(B)规范　　　(C)技术　　　(D)道德

2. 市场经济是法制经济,也是德治经济、信用经济,它要靠法制去规范,也要靠( )良知去自律。
(A)法制　　　(B)道德　　　(C)信用　　　(D)经济

3. 在竞争越来越激烈的时代,企业要想立于不败之地,个人要想脱颖而出,良好的职业道德,尤其是( )十分重要。
(A)技能　　　(B)作风　　　(C)信誉　　　(D)观念

4. 遵守法律、执行制度、严格程序、规范操作是( )。
(A)职业纪律　(B)职业态度　(C)职业技能　(D)职业作风

5. 爱岗敬业是( )。
(A)职业修养　(B)职业态度　(C)职业纪律　(D)职业作风

6. 提高职业技能与( )无关。
(A)勤奋好学　(B)勇于实践　(C)加强交流　(D)讲求效率

7. 严细认真就要做到:增强精品意识,严守( ),精益求精,保证产品质量。
(A)国家机密　(B)技术要求　(C)操作规程　(D)产品质量

8. 树立用户至上的思想,就是增强服务意识,端正服务态度,改进服务措施达到( )。
(A)用户至上　(B)用户满意　(C)产品质量　(D)保证工作质量

9. 清正廉洁,克己奉公,不以权谋私,行贿受贿是( )。
(A)职业态度 (B)职业修养 (C)职业纪律 (D)职业作风

10. 职业道德是促使人们遵守职业纪律的( )。
(A)思想基础 (B)工作基础 (C)工作动力 (D)理论前提

11. 在履行岗位职责时,( )。
(A)靠强制性 (B)靠自觉性
(C)当与个人利益发生冲时可以不履行 (D)应强制性与自觉性相结合

12. 下列叙述正确的是( )。
(A)职业虽不同,但职业道德的要求都是一致的
(B)公约和守则是职业道德的具体体现
(C)职业道德不具有连续性
(D)道德是个性,职业道德是共性

13. 下列叙述不正确的是( )。
(A)德行的崇高,往往以牺牲德行主体现实幸福为代价
(B)国无德不兴、人无德不立
(C)从业者的职业态度是既为自己,也为别人
(D)社会主义职业道德的灵魂是诚实守信

14. 产业工人的职业道德的要求是( )。
(A)精工细作、文明生产 (B)为人师表
(C)廉洁奉公 (D)治病救人

15. 下列对质量评述正确的是( )。
(A)在国内市场质量是好的,在国际市场上也一定是最好的
(B)今天的好产品,在生产力提高后,也一定是好产品
(C)工艺要求越高,产品质量越精
(D)要质量必然失去数量

16. 掌握必要的职业技能是( )。
(A)每个劳动者立足社会的前提 (B)每个劳动者对社会应尽的道德义务
(C)为人民服务的先决条件 (D)竞争上岗的唯一条件

17. 分工与协作的关系是( )。
(A)分工是相对的,协作是绝对的 (B)分工与协作是对立的
(C)二者没有关系 (D)分工是绝对的,协作是相对的。

18. 下列提法不正确的是( )。
(A)职业道德+一技之长=经济效益 (B)一技之长=经济效益
(C)有一技之长也要虚心向他人学习 (D)一技之长靠刻苦精神得来

19. 下列不符合职业道德要求的是( )。
(A)检查上道工序、干好本道工序、服务下道工序
(B)主协配合,师徒同心
(C)粗制滥造,野蛮操作
(D)严格执行工艺要求

20. 随着现代社会分工发展和专业化程度的增强,对从业人员职业观念、职业态度、职业（　　）、职业纪律和职业作风的要求越来越高。

(A)技能　　　　　　(B)规范　　　　　　(C)技术　　　　　　(D)道德

21. 爱岗敬业,忠于职守,团结协作,认真完成工作任务,钻研(　　),提高技能。

(A)业务　　　　　　(B)理论　　　　　　(C)科技　　　　　　(D)技术

22. 服务群众,听取群众意见,了解群众需要,为群众排忧解难,端正服务态度,改进（　　）,提高服务质量。

(A)措施　　　　　　(B)态度　　　　　　(C)对象　　　　　　(D)项目

23. 要自觉维护国家法律、法规及各项行政(　　),遵守市民守则和有关制度,用法律规范自己的行为,不做任何违法违纪的事。

(A)规章　　　　　　(B)规则　　　　　　(C)规范　　　　　　(D)规定

24. 认同理念,做企业理念的拥护者、传播者和实践者;恪尽职守,脚踏实地,兢兢业业,精益求精;善于创新,不因循守旧,敢于(　　)自我,超越自我。

(A)否定　　　　　　(B)否认　　　　　　(C)认定　　　　　　(D)否决

25. 互相体谅,团结友爱,尊重同事,互相关心,互相爱护,先人后己,克己(　　)。相互支持,密切配合,顾全大局,善于倾听别的意见,坦诚发表自己的想法,达成共识,形成合力。

(A)让人　　　　　　(B)利人　　　　　　(C)助人　　　　　　(D)为人

26. 保证起重机具的完好率和提高其使用(　　),是起重机具管理工作的非常主要的内容。

(A)效率　　　　　　(B)效果　　　　　　(C)频率　　　　　　(D)次数

27. 爱护公物,要关心爱护、保护国家和企业的财产,敢于同一切(　　)和浪费公共财物的行为作斗争。

(A)破坏　　　　　　(B)损坏　　　　　　(C)损害　　　　　　(D)破害

28. 质量方针规定了企业的质量(　　)和方向,与企业总的经营宗旨相适应。

(A)宗旨　　　　　　(B)目标　　　　　　(C)措施　　　　　　(D)责任

29. 抓好重点,对关键部位或影响质量的(　　)因素,确定管理点,进行重点控制。

(A)关键　　　　　　(B)相关　　　　　　(C)重要　　　　　　(D)重点

30. 对待你不喜欢的工作岗位,正确的做法是(　　)。

(A)干一天,算一天　　　　　　　　　　(B)想办法换自己喜欢的工作
(C)做好在岗期间的工作　　　　　　　　(D)脱离岗位,去寻找别的工作

31. 从业人员在职业活动中应遵循的内在的道德准则是(　　)。

(A)爱国、守法、自强　　　　　　　　　(B)求实、严谨、规范
(C)诚心、敬业、公道　　　　　　　　　(D)忠诚、审慎、勤勉

32. 关于职业良心的说法中,下列正确的是(　　)。

(A)如果公司老板对员工好,那么员工干好本职工作就是有职业良心
(B)公司安排做什么,自己就做什么是职业良心的本质
(C)职业良心是从业人员按照职业道德要求尽职尽责地做工作
(D)一辈子不"跳槽"是职业良心的根本表现

33. 关于职业道德,下列正确的说法是(　　)。

(A)职业道德是从业人员职业资质评价的唯一指标

(B)职业道德是从业人员职业技能提高的决定性因素

(C)职业道德是从业人员在职业活动中应遵循的行为规范

(D)职业道德是从业人员在职业活动中的综合强制要求

34. 关于"职业化"的说法中,下列正确的是(　　)。

(A)职业化具有一定合理性,但它会束缚人的发展

(B)职业化是反对把劳动作为谋生手段的一种劳动观

(C)职业化是提高从业人员个人和企业竞争力的必由之路

(D)职业化与全球职场语言和文化相抵触

35. 我国社会主义思想道德建设的一项战略任务是构建(　　)。

(A)社会主义核心价值体系　　　　　　(B)公共文化服务体系

(C)社会主义荣辱观理论体系　　　　　(D)职业道德规范体系

36. 职业道德的规范功能是指(　　)。

(A)岗位责任的总体规定效用　　　　　(B)规劝作用

(C)爱干什么,就干什么　　　　　　　(D)自律作用

37. 我国公民道德建设的基本原则是(　　)。

(A)集体主义　　(B)爱国主义　　(C)个人主义　　(D)利己主义

38. 关于职业技能,下列正确的说法是(　　)。

(A)职业技能决定着从业人员的职业前途

(B)职业技能的提高,受职业道德素质的影响

(C)职业技能主要是指从业人员的动手能力

(D)职业技能的形成与先天素质无关

39. 一个人在无人监督的情况下,能够自觉按道德要求行事的修养境界是(　　)。

(A)诚信　　　　(B)仁义　　　　(C)反思　　　　(D)慎独

三、多项选择题

1. 职业道德指的是职业道德是所有从业人员在职业活动中应遵循的行为准则,涵盖了(　　)的关系。

(A)从业人员与服务对象　　　　　　　(B)上级与下级

(C)职业与职工之间　　　　　　　　　(D)领导与员工

2. 职业道德建设的重要意义是(　　)。

(A)加强职业道德建设,坚决纠正利用职权谋取私利的行业不正之风,是各行各业兴旺发达的保证。同时,它也是发展市场经济的一个重要条件

(B)职业道德建设不仅是建设精神文明的需要,也是建设物质文明的需要

(C)职业道德建设对提高全民族思想素质具有重要的作用

(D)职业道德建设能够提高企业的利润,保证盈利水平

3. 企业主要操作规程有(　　)。

(A)安全技术操作规程　　　　　　　　(B)设备操作规程

(C)工艺规程　　　　　　　　　　　　(D)岗位规程

4. 职业作风的基本要求有(　　)。
(A)严细认真　　(B)讲求效率　　(C)热情服务　　(D)团结协作
5. 职业道德的主要规范有大力倡导以爱岗敬业、(　　)为主要内容的职业道德。
(A)诚实守信　　(B)办事公道　　(C)服务群众　　(D)奉献社会
6. 社会主义职业道德的基本要求是(　　)。
(A)诚实守信　　　　　　　　　(B)办事公道
(C)服务群众奉献社会　　　　　(D)爱岗敬业
7. 职业道德对一个组织的意义是(　　)。
(A)直接提高利润率　　　　　　(B)增强凝聚力
(C)提高竞争力　　　　　　　　(D)提升组织形象
8. 从业人员做到真诚不欺,要(　　)。
(A)出工出力　　　　　　　　　(B)不搭"便车"
(C)坦诚相待　　　　　　　　　(D)宁欺自己,勿骗他人
9. 从业人员做到坚持原则要(　　)。
(A)立场坚定不移　　(B)注重情感　　(C)方法适当灵话　　(D)和气为重
10. 执行操作规程的具体要求包括(　　)。
(A)牢记操作规程　　(B)演练操作规程　　(C)坚持操作规程　　(D)修改操作规程
11. 中车集团要求员工遵纪守法,做到(　　)。
(A)熟悉日常法律、法规　　　　(B)遵守法律、法规
(C)运用常用法律、法规　　　　(D)传播常用法律、法规
12. 从业人员节约资源,要做到(　　)。
(A)强化节约资源意识　　　　　(B)明确节约资源责任
(C)创新节约资源方法　　　　　(D)获取节约资源报酬
13. 下列属于《公民道德建设实施纲要》所要提出的职业道德规范的是(　　)。
(A)爱岗敬业　　(B)以人为本　　(C)保护环境　　(D)奉献社会
14. 在职业活动的内在道德准则中,"勤勉"的内在规定性是(　　)。
(A)时时鼓励自己上进,把责任变成内在的自主性要求
(B)不管自己乐意或者不乐意,都要约束甚至强迫自己干好工作
(C)在工作时间内,如手头暂无任务,要积极主动寻找工作
(D)经常加班符合勤勉的要求

四、判 断 题

1. 抓好职业道德建设,与改善社会风气没有密切的关系。(　　)
2. 职业道德也是一种职业竞争力。(　　)
3. 企业员工要认真学习国家的有关法律、法规,对重要规章、制度、条例达到熟知,不需知法、懂法,不断提高自己的法律意识。(　　)
4. 热爱祖国,有强烈的民族自尊心和自豪感,始终自觉维护国家的尊严和民族的利益是爱岗敬业的基本要求之一。(　　)
5. 热爱学习,注重自身知识结构的完善与提高,养成学习习惯,学会学习方法,坚持广泛

涉猎知识,扩大知识面,是提高职业技能的基本要求之一。(　　)

6. 坚持理论联系实际不能提高自己的职业技能。(　　)

7. 企业员工要:讲求仪表,着装整洁,体态端正,举止大方,言语文明,待人接物得体,树立企业形象。(　　)

8. 让个人利益服从集体利益就是否定个人利益。(　　)

9. 忠于职守的含义包括必要时应以身殉职。(　　)

10. 市场经济条件下,首先是讲经济效益,其次才是精工细作。(　　)

11. 质量与信誉不可分割。(　　)

12. 将专业技术理论转化为技能技巧的关键在于凭经验办事。(　　)

13. 敬业是爱岗的前提,爱岗是敬业的升华。(　　)

14. 厂规、厂纪与国家法律不相符时,职工应首先遵守国家法律。(　　)

15. 道德建设属于物质文明建设范畴。(　　)

16. 做一个称职的劳动者,必须遵守职业道德,职业道德也是社会主义道德体系的重要组成部分。职业道德建设是公民道德建设的落脚点之一。加强职业道德建设是发展市场经济的一个重要条件。(　　)

17. 办事公道,坚持公平、公正、公开原则,秉公办事,处理问题出以公心,合乎政策,结论公允。主持公道,伸张正义,保护弱者,清正廉洁,克己奉公,反对以权谋私,行贿受贿。(　　)

18. 法律对道德建设的支持作用表现在两个方面:"规定"和"惩戒"。即通过立法手段选择进而推动一定道德的普及,通过法律惩治严重的不道德行为(　　)。

19. 甘于奉献,服从整体,顾全大局,先人后己,不计较个人得失,为企业发展尽心出力,积极进取,自强不息,不怕困难,百折不挠,敢于胜利。(　　)

20. 认真学习工艺操作规程,做到按规程要求操作,严肃工艺纪律,严格管理,精心操作,积极开展质量攻关活动,提高产品质量和用户满意度,避免质量事故发生。(　　)

21. 增强标准意识,坚持高标准、严要求,按标准为事不走样,以一丝不苟、认真负责的态度,踏踏实实地做好每项工作。(　　)

22. 要自觉执行企业的设备管理的有关规章制度,操作者严格执行设备操作维护规程,做到"三好""四会",专业维护人员实行区域维修负责制,确保设备正常运转。(　　)

23. 讲求仪表,着装整洁,体态端庄,举止大方,言语文明,待人接物得体。(　　)

24. 质量方针是根据企业长期经营方针、质量管理原则、质量振兴纲要、国家颁布的质量法规、市场经营变化而制定的。(　　)

25. 对于集体主义,可以理解为集体有责任帮助个人实现个人利益。(　　)

26. 职业道德是从业人员在职业活动中应遵循的行为规范。(　　)

27. 职业选择属于个人权利的范畴,不属于职业道德的范畴。(　　)

28. 敬业度高的员工虽然工作兴趣较低,但工作态度与其他员工无差别。(　　)

29. 社会分工和专业化程度的增强,对职业道德提出了更高的要求。(　　)

30. 职业道德的主要内容为爱岗敬业、城实守信、办事公道、服务群众、奉献社会。(　　)

废水处理工(职业道德)答案

一、填空题

1. 道德建设
2. 低下
3. 重要
4. 违法
5. 干好一行
6. 安全操作
7. 质量事故
8. 出以公正
9. 行为规范
10. 爱岗敬业
11. 一致的
12. 道德
13. 整洁、安全、舒适、优美
14. 职业纪律
15. 电气火灾
16. 技术水平
17. 基本保证
18. 劳动
19. 责任
20. 法律
21. 护法
22. 安全
23. 办实事
24. 检修
25. 道德
26. 工艺
27. 原始
28. 标准化
29. 主动
30. 忠诚、审慎、勤勉
31. 集体主义
32. 职业道德
33. 忠诚
34. 职业化素养
35. 参考依据
36. 节约
37. 生产计划

二、单项选择题

1. A	2. B	3. C	4. A	5. B	6. D	7. C	8. B	9. B
10. A	11. D	12. B	13. D	14. A	15. C	16. C	17. A	18. B
19. C	20. A	21. A	22. A	23. A	24. A	25. A	26. A	27. A
28. A	29. A	30. C	31. D	32. C	33. C	34. C	35. A	36. A
37. A	38. B	39. D						

三、多项选择题

1. AC	2. ABC	3. ABC	4. ABCD	5. ABCD	6. ABCD	7. BCD
8. ABC	9. AC	10. ABC	11. ABCD	12. ABC	13. AD	14. AC

四、判断题

1. ×	2. √	3. ×	4. √	5. √	6. ×	7. √	8. ×	9. √
10. ×	11. √	12. ×	13. ×	14. ×	15. ×	16. √	17. √	18. √
19. √	20. √	21. √	22. √	23. √	24. √	25. ×	26. √	27. ×
28. ×	29. √	30. √						

废水处理工(初级工)习题

一、填空题

1. pH 值是水溶液中( )的表示方法。

2. pH<7 时溶液呈( )。

3. pH>7 时溶液呈( )。

4. pH=7 时溶液呈( )。

5. pH 值常用( )的负对数来表示。

6. 用试纸测定溶液 pH 值时,用( )蘸取。

7. 氢氧化物沉淀法是在一定 pH 值条件下,( )生成难溶于水的氢氧化物沉淀而得到分离。

8. 金属离子碳酸盐的溶度积很小,对于高浓度的重金属污水,可投加( )进行回收。

9. 还原沉淀法用于处理( )金属离子。

10. 电镀含铬污水常用( )沉淀法处理。

11. 向污水中投加某种化学药剂,使其与水中某些溶解物质产生反应,生成难溶于水的盐类沉淀下来,这种方法称为水处理( )。

12. 由酸和碱作用生成盐和水的反应叫做( )。

13. 在反应过程中有元素化合价变化的化学反应叫做( )。

14. 氧化还原电位是用来反应水溶液中所有物质表现出来的宏观( )。

15. 氧化还原电位越高,氧化性越( )。

16. 影响氧化还原反应速度快慢的重要因素是( )。

17. 利用某些溶解于污水中的有毒有害物质在氧化还原反应中能被氧化或还原的性质,通过投加氧化剂或还原剂将其转化为无毒无害的新物质的污水处理方法叫做水处理( )。

18. 单位时间内流体流过管道任意截面上的流体数量称( )。

19. 单位时间内流体在流动方向上流过的距离称( )。

20. 流体在管内任意截面径向各点上的速度不同,管中心速度( )。

21. 流体在管内任意截面径向各点上的速度不同,越近管壁速度( )。

22. 流体在管内任意截面径向各点上的速度不同,管壁处流速为( )。

23. 污水处理一般以采用( )形管道为主。

24. 离心泵按其主轴的方向可分为卧式泵和( )。

25. 离心泵按水流进入叶轮的方式可分为( )和多吸泵。

26. 离心泵按轴上安装的叶轮的个数可分为( )和多级泵。

27. 叶片式水泵是靠装有叶片的叶轮( )来进行能量转换的。

28. 单位质量液体通过泵获得的有效能量就是泵的( )。

29. 泵在一定流量和扬程下,电机单位时间内给予泵轴的功称为(   )。

30. 吸程即泵允许吸上液体的真空度,也就是泵允许的(   )。

31. 形体微小、结构简单、肉眼看不见,必须在电子显微镜或光学显微镜下才能看见的所有微小生物称为(   )。

32. 形状细短、结构简单、多以二分裂方式进行繁殖的原核动物称为(   )。

33. 细菌主要由细胞膜、(   )、核质体等部分构成,有的细菌还由荚膜、鞭毛等特殊结构。

34. 按细菌对氧气的需求可以分为(   )细菌和厌氧细菌。

35. 按细菌的生活方式来分,分为(   )细菌和异养细菌。

36. 动物中最原始、最低等、结构最简单的单细胞动物称为(   )。

37. 原生动物的生殖方式有无性生殖和(   )生殖。

38. 污水综合排放一级标准,COD(   )。

39. 污水综合排放一级标准,氨氮(   )。

40. 污水综合排放一级标准,pH 值为(   )。

41. 污水综合排放二级标准,COD(   )。

42. 污水综合排放二级标准,氨氮(   )。

43. 污水综合排放二级标砖,pH 值为(   )。

44. 锅炉用水要求出水硬度小于(   )。

45. 在生产生活活动中排放水的总称叫(   )。

46. 污水处理按处理程度划分可分为(   )级处理。

47. 生活污水是人类日常生活中(   )的水。

48. 在工业生产过程中被使用过且被工业物料所污染,已无使用价值的水叫(   )。

49. 深度处理后的污水回用于生产或杂用叫(   )。

50. 生水用于建筑物内杂用时也称(   )。

51. 污染物进入水体使水体改变原有功能叫(   )。

52. 水溶解氧小于(   )鱼虾就会死亡。

53. 污染后的水体,在自然条件下,由于水体自身的物理化学生物的多重作用,水体恢复到污染前状态叫(   )。

54. 水体对水体中有机污染物的自净过程叫水体的(   )。

55. 饮用水标准大肠菌群数小于等于(   )。

56. 饮用水标准细菌总数小于等于(   )。

57. 色度是(   )指标。

58. 水中生化耗氧量是(   )指标。

59. 水中的大肠杆菌是(   )指标。

60. 镀锌废水的主要污染物是(   )。

61. 格栅一般不少于(   )。

62. 沉砂池的主要作用是(   )。

63. 投药时使用的计量泵可调范围为(   )L/h。

64. 计量泵投药缓慢时应检查加药泵的(   )。

65. 计量泵漏泄严重时需要更换(　　)达到止泄的目的。

66. 开计量泵时要先开总电源开关,再开计量泵电源(　　)。

67. 关计量泵时要先关计量泵开关,再关(　　)开关。

68. 加药时要两台计量泵(　　)运行。

69. 如果一台计量泵运行时,加药罐中的药剂浓度要增加(　　)。

70. 网格反应池的功能是将污水和聚合氯化铝充分(　　)。

71. 聚合氯化铝的作用是将污水中的悬浮物质(　　)在一起易于气浮。

72. 气浮的作用是将聚合在一起的污染物质(　　)到水面上。

73. 气浮池里的水通过滤料(　　)后进入清水池。

74. 滤料的上层是 40 cm 厚(　　)。

75. 石英沙的粒径为(　　)mm。

76. 石英沙滤层下面是 35 cm 厚的(　　)。

77. 无烟煤的密度为(　　)g/cm^3。

78. 制水时采用(　　)方式可以加快制水速度。

79. 二氧化氯发生器的内室温度不能超过(　　)℃。

80. 二氧化氯发生器运行的最好状态是内外室温度之差大于(　　)℃。

81. 二氧化氯发生器内室温度大于 55℃时,采用(　　)的方式降温。

82. 二氧化氯发生器产生的氯气用(　　)产生的负压带入中水管道。

83. 水射器的工作原理是高压水通过变径管道时产生(　　)进行工作的。

84. 二氧化氯发生器使用的原材料是(　　)。

85. 二氧化氯发生器正常工作时需使用(　　)氯化钠水。

86. 二氧化氯发生器使用的是氯化钠中的(　　)制造氯气的。

87. 二氧化氯在工作时会产生一种主要副产品,它是(　　)。

88. 消毒间内不准有(　　)。

89. 操作电器时要穿(　　)。

90. 使用潜水泵时要配备(　　)。

91. 使用潜水泵时除配备漏电保护器外还要配备(　　)。

92. 溶气罐工作压力为小于(　　)。

93. 溶气罐的安全压力为(　　)。

94. 溶气罐安全阀应每天进行(　　)。

95. 进入消毒间要穿戴好(　　)。

96. 登高作业要系好(　　)。

97. 下井工作要先检测井下空气是否(　　)。

98. 开阀门时要注意侧身(　　)打开。

99. 在有压力设备的检修时,要先减压为(　　)时再进行维修。

100. 二氧化氯发生器的出氯管道要每班进行(　　)。

101. 二氧化氯控制柜上电流表指示为 1 000 A 时,二氧化氯的理论产量是(　　)。

102. 使用潜污泵时,漏电保护器断开,说明泵已经(　　),不能再继续使用。

103. 使用潜污泵时,过载保护器断开,应检查泵的(　　)是否卡住。

104. 使用潜污泵时,出水量减少,应检查叶轮是否(　　)。

105. 溶气泵出现声音异常时,应停机进行(　　)。

106. 机械设备应每(　　)加一次机油。

107. 污泥消化是利用微生物的(　　)作用。

108. 气浮池中水翻大花,说明溶气罐中(　　)压力过高。

109. 气浮池中只有清水,说明溶气罐中(　　)压力过高。

110. 如果溶气罐中水气平衡,气浮池中没有气浮,应检查(　　)。

111. 硝酸显光处理废水的主要污染物是(　　)。

112. 机加工车间的主要污染物是(　　)。

113. 磷化废水的主要污染物是(　　)。

114. 铬钝化废水的主要污染物是(　　)。

115. 酸化处理废水的主要污染物是(　　)。

116. 除油处理废水的主要污染物是碱和(　　)。

117. 按活性污泥的性质,可将其分为泥渣和(　　)有机污泥。

118. 以(　　)为主要成分的污泥称为泥渣。

119. 以(　　)为主要成分的污泥称为有机污泥。

120. 污水一级处理产生的污泥称为(　　)。

121. 剩余活性污泥是(　　)产生的剩余污泥。

122. 生物膜法二沉池产生的沉淀污泥称为(　　)。

123. 化学法强化一级处理或三级处理产生的污泥称为(　　)。

124. 从初沉池和二沉池排出的沉淀物和悬浮物称为(　　)。

125. 生污泥浓缩处理后得到的污泥称为(　　)。

126. 生污泥厌氧分解后得到的污泥称为(　　)。

127. 经过脱水处理后得到的污泥称为(　　)。

128. 经过干燥处理后得到的污泥称为(　　)。

129. 存在于污泥颗粒间隙中,约占污泥水分的 70% 左右,一般可借助重力或离心力分离的水称为(　　)。

130. 存在污泥颗粒见的毛细管中,约占 20%,需要更大的外力才能去除的水称为(　　)。

131. 有机物排入水体后,在有溶解氧的条件下,由于好氧微生物的呼吸作用,被降解为(　　)。

132. 安全工作规程是中规定:设备对地电压高于(　　)V 为高电压。

133. 安全工作规程是中规定:安全电压为(　　)V 以下。

134. 安全工作规程中规定:安全电流为(　　)mA 以下。

135. 电荷的基本单位是(　　)。

136. 电路主要由负载、线路、电源、(　　)组成。

137. 电流是由电子的定向移动形成的,习惯上把(　　)定向移动的方向作为电流的方向。

138. 电流的大小用电流强度来表示,其数值等于单位时间内穿过导体横截面的(　　)的代数和。

139. 导体的电阻不但与导体的长度、截面有关,而且还与导体的(　　)有关。

140. 两根平行导线通过同向电流时,导体之间相互(　　)。

141. 交流电的三要素是指最大值、频率、(　　)。

142. 两只额定电压相同的电阻串联接在电路中,其阻值较大的电阻发热(　　)。

二、单项选择题

1. 溶液的 pH＝7 的时候,溶液呈现(　　)。
(A)强酸性　　　　(B)弱酸性　　　　(C)中性　　　　(D)弱碱性

2. 泵站通常由(　　)等组成。
(A)泵房　　　　　　　　　(B)集水池
(C)水泵　　　　　　　　　(D)泵房、集水池、水泵

3. 在理想沉淀池中,颗粒的水平分速度与水流速度的关系(　　)。
(A)大于　　　　　(B)小于　　　　　(C)相等　　　　(D)无关

4. 新陈代谢包括(　　)作用。
(A)同化　　　　　(B)异化　　　　　(C)呼吸　　　　(D)同化和异化

5. 在水质分析中,常用过滤的方法将杂质分为(　　)。
(A)悬浮物与胶体物　　　　　(B)胶体物与溶解物
(C)悬浮物与溶解物　　　　　(D)无机物与有机物

6. 双头螺纹的导程应等于(　　)倍螺距。
(A)1/2　　　　　(B)2　　　　　(C)4　　　　(D)6

7. 曝气池供氧的目的是提供给微生物(　　)的需要。
(A)分解有机物　(B)分解无机物　(C)呼吸作用　(D)分解氧化

8. 水泵在运行过程中,噪声低而振动较大,可能原因是(　　)。
(A)轴弯曲　　　(B)轴承损坏　　(C)负荷大　　(D)叶轮损坏

9. 高空作业指凡在坠落高度离基准面(　　)m 以上的高处作业。
(A)1　　　　　(B)1.5　　　　　(C)2　　　　(D)2.5

10. 助凝剂与絮凝剂的添加浓度分别为(　　)。
(A)1%和3%　(B)3%和1%　(C)2%和3%　(D)3%和2%

11. 一般衡量污水可生化的程度为 BOD/COD 为(　　)。
(A)小于0.1　(B)小于0.3　(C)大于0.3　(D)0.5～0.6

12. 对无心跳无呼吸的触电假死者应采取(　　)急救措施。
(A)送医院　　　　　　　(B)胸外挤压法
(C)人工呼吸法　　　　　(D)人工呼吸与胸外挤压同时进行

13. 离心泵主要靠叶轮高速旋转产生的(　　)将水送出去。
(A)推力　　　　(B)外力　　　　(C)离心力　　(D)向心力

14. 对污水中可沉悬浮物质常采用(　　)来去除。
(A)格栅　　　　(B)沉砂池　　　(C)调节池　　(D)沉淀池

15. 为了保证生化自净,污水中必须有足够的(　　)。
(A)温度和pH值　(B)微生物　　(C)MLSS　　(D)DO

16. 异步电动机正常工作时,电源电压变化对电动机正常工作(　　)。

(A)没有影响　　　　(B)影响很小　　　　(C)有一定影响　　　　(D)影响很大

17. 污泥浓度的大小间接地反映出混合液中所含(　　)量。

(A)无机物　　　　(B)SVI　　　　(C)有机物　　　　(D)DO

18. 污泥回流的主要目的是保持曝气池中的(　　)。

(A)DO　　　　(B)MLSS　　　　(C)微生物　　　　(D)污泥量

19. 废水中各种有机物的相对组成如没有变化,那么 COD 与 BOD_5 之间的比例关系为(　　)。

(A)$COD>BOD_5$　　　　　　　　　　(B)$COD>BOD_5>$ 第一阶段 BOD

(C)$COD>BOD_5>$ 第二阶段 BOD　　　(D)$COD>$ 第一阶段 $BOD>BOD_5$

20. 废水治理需采用的原则是(　　)。

(A)分散　　　　　　　　　　　　　　(B)集中

(C)局部　　　　　　　　　　　　　　(D)分散与集中相结合

21. 悬浮物与水之间有一种清晰的界面,这种沉淀类型称为(　　)。

(A)絮凝沉淀　　　　(B)压缩沉淀　　　　(C)成层沉淀　　　　(D)自由沉淀

22. 污水流经格栅的速度一般要求控制在(　　)。

(A)$0.1\sim0.5$ m/s　　　　　　　　　(B)$0.6\sim1.0$ m/s

(C)$1.1\sim1.5$ m/s　　　　　　　　　(D)$1.6\sim2.0$ m/s

23. 可提高空气的利用率和曝气池的工作能力的方法是(　　)。

(A)渐减曝气　　　　(B)阶段曝气　　　　(C)生物吸附　　　　(D)表面曝气

24. 流量与泵的转速(　　)。

(A)成正比　　　　(B)成反比　　　　(C)无关　　　　(D)相等

25. 生化需氧量指标的测定,水温对生物氧化速度有很大影响,一般以(　　)为标准。

(A)常温　　　　(B)10℃　　　　(C)20℃　　　　(D)30℃

26. 污水灌溉是与(　　)相接近的自然污水处理法。

(A)生物膜法　　　　(B)活性污泥法　　　　(C)化学法　　　　(D)生物法

27. 厌氧硝化后的污泥含水率为(　　),还需进行脱水、干化等处理,否则不易长途输送和使用。

(A)60%　　　　(B)80%　　　　(C)很高　　　　(D)很低

28. 圆形断面栅条的水力条件好,水流阻力小,但刚度较差,一般采用断面为(　　)的栅条。

(A)带半圆的矩形　　　　　　　　　　(B)矩形

(C)带半圆的正方形　　　　　　　　　(D)正方形

29. 活性污泥在二沉池的后期属于(　　)。

(A)集团沉淀　　　　(B)压缩沉淀　　　　(C)絮凝沉淀　　　　(D)自由沉淀

30. 活性污泥在组成和净化功能上的中心,是微生物中最主要的成分是(　　)。

(A)细菌　　　　(B)真菌　　　　(C)后生动物　　　　(D)原生动物

31. 电气设备在额定工作状态下工作时,称为(　　)。

(A)轻载　　　　(B)满载　　　　(C)过载　　　　(D)超载

32. SVI 值的大小主要决定于构成活性污泥的(　　),并受污水性质与处理条件的影响。

(A)真菌　　　　　(B)细菌　　　　　(C)后生动物　　　　　(D)原生动物

33. 对于好氧生物处理,当 pH(　　)时,真菌开始与细菌竞争。

(A)大于 9.0　　　(B)小于 6.5　　　(C)小于 9.0　　　(D)大于 6.5

34. 在微生物酶系统不受变性影响的温度范围内,温度上升会使微生物活动旺盛,就能(　　)反映速度。

(A)不变　　　　　(B)降低　　　　　(C)无关　　　　　(D)提高

35. 鼓风曝气的气泡尺寸(　　)时,气液之间的接触面积增大,因而有利用氧的转移。

(A)减小　　　　　(B)增大　　　　　(C)2 mm　　　　　(D)4 mm

36. 溶解氧饱和度除受水质的影响外,还随水温而变,水温上升,DO 饱和度则(　　)。

(A)增大　　　　　(B)下降　　　　　(C)2 mg/L　　　　　(D)4 mg/L

37. 测定水中微量有机物和含量,通常用(　　)指标来说明。

(A)BOD　　　　　(B)COD　　　　　(C)TOC　　　　　(D)DO

38. 对污水中的无机的不溶解物质,常采用(　　)来去除。

(A)格栅　　　　　(B)沉砂池　　　　　(C)调节池　　　　　(D)沉淀池

39. 沉淀池的形式按(　　)不同,可分为平流、辐流、竖流 3 种形式。

(A)池的结构　　　(B)水流方向　　　(C)池的容积　　　(D)水流速度

40. 沉淀池的操作管理中主要工作为(　　)。

(A)撇浮渣　　　　(B)取样　　　　　(C)清洗　　　　　(D)排泥

41. 辐流式沉淀池的排泥方式一般采用(　　)。

(A)静水压力　　　(B)自然排泥　　　(C)泵抽样　　　　(D)机械排泥

42. 曝气供氧的目的是提供给微生物(　　)的需要。

(A)分解无机物　　(B)分解有机物　　(C)呼吸作用　　　(D)污泥浓度

43. 活性污泥处理污水起作用的主体是(　　)。

(A)水质水量　　　(B)微生物　　　　(C)溶解氧　　　　(D)污泥浓度

44. 溶解氧在水体自净过程中是个重要参数,它可反映水体中(　　)。

(A)耗氧指标　　　　　　　　　　　(B)溶氧指标

(C)耗氧与溶氧的平衡关系　　　　　(D)有机物含量

45. 集水井中的格栅一般采用(　　)。

(A)格栅　　　　　　　　　　　　　(B)细格栅

(C)粗格栅　　　　　　　　　　　　(D)一半粗,一半细的格栅

46. BOD_5 指标是反映污水中(　　)污染物的浓度。

(A)无机物　　　　(B)有机物　　　　(C)固体物　　　　(D)胶体物

47. 通常 SVI 在(　　)时,将引起活性污泥膨胀。

(A)100　　　　　　(B)200　　　　　　(C)300　　　　　　(D)400

48. 污泥指数的单位一般用(　　)表示。

(A)mg/L　　　　　(B)日　　　　　　(C)mL/g　　　　　(D)s

49. 工业废水的治理通常用(　　)处理。

(A)物理法　　　　(B)生物法　　　　(C)化学法　　　　(D)特种法

50. 污水厂常用的水泵是(　　)。

(A)轴流泵　　　　(B)离心泵　　　　(C)容积泵　　　　(D)清水泵

51. 流量与泵的转速（　　）。

(A)成正比　　　　(B)成反比　　　　(C)无关　　　　(D)相等

52. 生活污水中的杂质以（　　）为最多。

(A)无机物　　　　(B)SS　　　　(C)有机物　　　　(D)有毒物质

53. 用高锰酸钾作氧化剂,测得的耗氧量简称为（　　）。

(A)OC　　　　(B)COD　　　　(C)SS　　　　(D)DO

54. 水体如严重被污染,水中含有大量的有机污染物,DO的含量为（　　）。

(A)0.1　　　　(B)0.5　　　　(C)0.3　　　　(D)0

55. 氧化沟是与（　　）相近的简易生物处理法。

(A)推流式法　　　　　　　　(B)完全混合式法

(C)活性污泥法　　　　　　　　(D)生物膜法

56. 如果水泵流量不变,管道截面减小了,则流速（　　）。

(A)增加　　　(B)减小　　　(C)不变　　　(D)无关

57. 水样采集是要通过采集（　　）的一部分来反映被采样体的整体全貌。

(A)很少　　　(B)较多　　　(C)有代表性　　　(D)数量一定

58. 细菌的细胞物质主要是由（　　）组成,而且形式很小,所以带电荷。

(A)蛋白质　　　(B)脂肪　　　(C)碳水化合物　　　(D)纤维素

59. 热继电器在电路中具有（　　）保护作用。

(A)过载　　　(B)过热　　　(C)短路　　　(D)失压

60. 三相异步电动机旋转磁场的旋转方向是由三相电源的（　　）决定。

(A)相位　　　(B)相序　　　(C)频率　　　(D)相位角

61. 对微生物无选择性的杀伤剂,既能杀灭丝状菌,又能杀伤菌胶团细菌的是（　　）。

(A)氨　　　(B)氧　　　(C)氮　　　(D)氯

62. 液体的动力黏滞性系数与颗粒的沉淀呈（　　）。

(A)反比关系　　　(B)正比关系　　　(C)相等关系　　　(D)无关

63. 在集水井中有粗格栅,通常其间隙宽度为（　　）。

(A)10～15 mm　　(B)15～25 mm　　(C)25～50 mm　　(D)40～70 mm

64. 水泵的有效功率是指（　　）。

(A)电机的输出功率　　　　　　　(B)电机的输入功率

(C)水泵输入功率　　　　　　　(D)水泵输出功率

65. 某些金属离子及其化合物能够为生物所吸收,并通过食物链逐渐（　　）而达到相当的程度。

(A)减少　　　(B)增大　　　(C)富集　　　(D)吸收

66. 污水排入水体后,污染物质在水体中的扩散有分子扩散和紊流扩散两种,两者的作用是前者（　　）后者。

(A)大于　　　(B)小于　　　(C)相等　　　(D)无法比较

67. 气泡与液体接触时间随水深（　　）而延长,并受气泡上升速度的影响。

(A)减小　　　(B)加大　　　(C)为 2 m　　　(D)1 m

68. 污水流量和水质变化的观测周期越长,调节池设计计算结果的准确性与可靠性( )。
(A)越高　　　　　(B)越低　　　　　(C)无法比较　　　　　(D)零

69. 常用的游标卡尺属于( )。
(A)通用量具　　　(B)专用量具　　　(C)极限量具　　　(D)标准量具

70. 遇电火警,首先应当( )。
(A)报警　　　　　(B)请示领导　　　(C)切断电源　　　(D)灭火

71. 当温度升高时,半导体的电阻率将( )。
(A)缓慢上升　　　(B)很快上升　　　(C)很快下降　　　(D)缓慢下降

72. 接触器中灭弧装置的作用是( )。
(A)防止触头烧毁　　　　　　　(B)加快触头分断速度
(C)减小触头电流　　　　　　　(D)防止引起的反电势

73. 污水处理厂内设置调节池的目的是调节( )。
(A)水温　　　　　(B)水量和水质　　　(C)酸碱性　　　(D)水量

74. 若将一般阻值未知的导线对折起来,其阻值为原阻值的( )倍。
(A)1/2　　　　　(B)2　　　　　(C)1/4　　　　　(D)4

75. 饮用水消毒合格的主要指标为1 L水中的大肠菌群数小于( )。
(A)5个　　　　　(B)4个　　　　　(C)3个　　　　　(D)2个

76. 污水的生物处理,按作用的微生物有( )。
(A)好氧氧化　　　　　　　　　(B)厌氧还原
(C)好氧还原　　　　　　　　　(D)好氧氧化、厌氧还原

77. 污水灌溉是与( )相近的自然污水处理法。
(A)生物膜法　　　(B)活性污泥法　　　(C)化学法　　　(D)生物法

78. 污水处理厂进水的水质在一年中,通常是( )。
(A)冬季浓,夏季淡　　　　　　(B)冬季浓,秋季淡
(C)春季浓,夏季淡　　　　　　(D)春季浓,秋季淡

79. 活性污泥法正常运行的必要条件是( )。
(A)DO　　　　　　　　　　　　(B)营养物质
(C)大量微生物　　　　　　　　(D)良好的活性污泥和充足的氧气

80. 由于环境条件和参与微生物的不同,有机物能通过( )不同的途径进行分解。
(A)1种　　　　　(B)2种　　　　　(C)3种　　　　　(D)4种

81. 悬浮物的去除率不仅取决于沉淀速度,而且与( )有关。
(A)容积　　　　　(B)深度　　　　　(C)表面积　　　　　(D)颗粒大小

82. 为了使沉砂池能正常进行运行,主要要求控制( )。
(A)悬浮颗粒尺寸　　　　　　　(B)曝气量
(C)污水流速　　　　　　　　　(D)细格栅的间隙宽度

83. 格栅每天截留的固体物重量占污水中悬浮固体量的( )。
(A)20%左右　　　(B)10%左右　　　(C)40%左右　　　(D)30%左右

84. 水中的溶解物越多,一般所含的( )也越多。

(A)盐类　　　　　(B)酸类　　　　　(C)碱类　　　　　(D)有机物

85. 沉速与颗粒直径（　　）成比例,加大颗粒的粒径是有助于提高沉淀效率的。

(A)大小　　　　　(B)立方　　　　　(C)平方　　　　　(D)不能

86. A/O 系统中的厌氧段与好氧段的容积比通常为（　　）。

(A)1:2　　　　　(B)1:3　　　　　(C)(1/4):(2/4)　　(D)(1/4):(3/4)

87. 沉砂池的工作是以重力分离为基础,将沉砂池内的污水流速控制到只能使（　　）大的无机颗粒沉淀的程度。

(A)重量　　　　　(B)相对密度　　　(C)体积　　　　　(D)颗粒直径

88. 生化处理中,推流式曝气池的 MLSS 一般要求掌握在（　　）。

(A)2～3 g/L　　　(B)4～6 g/L　　　(C)3～5 g/L　　　(D)6～8 g/L

89. 水中的 pH 值（　　）,所含的 NaClO 越多,因而消毒效果较好。

(A)4　　　　　　(B)10　　　　　　(C)越低　　　　　(D)越高

90. 活性污泥法是需氧的好氧过程,氧的需要是（　　）的函数。

(A)微生物代谢　　(B)细菌繁殖　　　(C)微生物数量　　(D)原生动物

91. 城市污水处理中的一级处理要求 SS 去除率在（　　）左右。

(A)30%　　　　　(B)50%　　　　　(C)20%　　　　　(D)75%

92. 曝气池混合液中的污泥来自回流污泥,混合液的污泥浓度（　　）回流污泥浓度。

(A)等于　　　　　(B)高于　　　　　(C)不可能高于　　(D)基本相同于

93. A/O 法中的 A 段 DO 通常为（　　）。

(A)0　　　　　　(B)2　　　　　　(C)0.5　　　　　(D)4

94. 活性污泥培训成熟后,可开始试运行。试运行的目的是为了确定（　　）运行条件。

(A)空气量　　　　(B)污水注入方式　(C)MLSS　　　　(D)最佳

95. 生物吸附法通常的回流比为（　　）。

(A)25　　　　　　(B)50　　　　　　(C)75　　　　　　(D)50～100

96. 鼓风曝气和机械曝气联合使用的曝气沉淀池,其叶轮靠近（　　）,叶轮下有空气扩散装置供给空气。

(A)池底　　　　　(B)池中　　　　　(C)池表面　　　　(D)离池表面 1 m 处

97. 活性污泥法处理污水,曝气池中的微生物需要营养物比为（　　）。

(A)100:1.8:1.3　　　　　　　　　(B)100:10:1

(C)100:50:10　　　　　　　　　 (D)100:5:1

98. 二级处理的主要处理对象是处理（　　）有机污染物。

(A)悬浮状态　　　　　　　　　　(B)胶体状态

(C)溶解状态　　　　　　　　　　(D)胶体、溶解状态

99. 在叶轮的线速度和浸没深度适当时,叶轮的充氧能力可为（　　）。

(A)一般　　　　　(B)最小　　　　　(C)大　　　　　　(D)最大

100. 瞬时样只能代表采样（　　）的被采水的组成。

(A)数量和时间　　(B)数量和地点　　(C)时间和地点　　(D)方法和地点

101. 曝气池有（　　）两种类型。

(A)好氧和厌氧　　　　　　　　　(B)推流和完全混合式

(C)活性污泥和生物膜法　　　　　　(D)多点投水法和生物吸阳法

102. 二沉池的排泥方式应采用(　　)。

(A)静水压力　　　(B)自然排泥　　　(C)间歇排泥　　　(D)连续排泥

103. 工业废水的治理通常用(　　)法处理。

(A)物理法　　　(B)生物法　　　(C)化学法　　　(D)特种法

104. 二级城市污水处理,要求 BOD$_5$ 去除(　　)。

(A)50%左右　　　(B)80%左右　　　(C)90%左右　　　(D)100%

105. 电路中任意两点电位的差值称为(　　)。

(A)电动势　　　(B)电压　　　(C)电位　　　(D)电势

106. 变压器是传递(　　)的电气设备。

(A)电压

(C)电压、电流和阻抗　　　(B)电流　　　(D)电能

107. 发生电火警时,如果电源没有切断,采用的灭火器材应是(　　)。

(A)泡沫灭火机　　　　　　(B)消防水笼头

(C)二氧化碳灭火机　　　　(D)水

108. 当有人触电而停止呼吸,心脏仍跳动,应采取的抢救措施是(　　)。

(A)立即送医院抢救　　　　(B)请医生抢救

(C)就地立即做人工呼吸　　(D)做体外心脏按摩

109. 泵能把液体提升的高度或增加压力的多少,称为(　　)。

(A)效率　　　(B)扬程　　　(C)流量　　　(D)功率

110. 根据结构、作用原理不同,常见的叶片泵分离心泵、轴流泵和(　　)三类。

(A)螺旋泵　　　(B)混流泵　　　(C)清水泵　　　(D)容积泵

111. 锯割薄板式管子,可用(　　)锯条。

(A)粗齿　　　(B)细齿　　　(C)粗齿或细齿　　　(D)任何工具

112. 锯割软材料(如铜、铝等)大截面,可采用(　　)齿锯条。

(A)粗齿　　　(B)中齿　　　(C)细齿　　　(D)粗、细齿均可

113. M10 中 M 表示是(　　)螺纹。

(A)普通　　　(B)梯形　　　(C)锯齿　　　(D)管

114. 将电能变换成其他能量的电路组成部分称为(　　)。

(A)电源　　　(B)开关　　　(C)导线　　　(D)负载

115. 生活污水的 pH 值一般呈(　　)。

(A)中性　　　(B)微碱性　　　(C)中性、微酸性　　　(D)中性、微碱性

116. 排放水体是污水的自然归宿,水体对污水有一定的稀释与净化能力,排放水体也称为污水的(　　)处理法。

(A)稀释　　　(B)沉淀　　　(C)生物　　　(D)好氧

117. 污水的物理处理法主要是利用物理作用分离污水中主要呈(　　)污染物质。

(A)漂浮固体状态　　　　　(B)悬浮固体状态

(C)挥发性固体状态　　　　(D)有机状态

118. 城市污水一般是以(　　)物质为其主要去除对象的。

(A)BOD　　　　(B)DO　　　　(C)SS　　　　(D)TS

119. 沉砂池的功能是从污水中分离(　　)较大的无机颗粒。

(A)比重　　　　(B)重量　　　　(C)颗粒直径　　　　(D)体积

120. 能较确切地代表活性污泥微生物的数量是(　　)。

(A)SVI　　　　(B)SV％　　　　(C)MLSS　　　　(D)MLVSS

121. 可反映曝气池正常运行的污泥量,可用于控制剩余污泥的排放是(　　)。

(A)污泥浓度　　　　(B)污泥沉降比　　　　(C)污泥指数　　　　(D)污泥龄

122. 评定活性污泥凝聚沉淀性能的指标为(　　)。

(A)SV％　　　　(B)DO　　　　(C)SVI　　　　(D)pH 值

123. 对于好氧生物处理,当 pH 值(　　)时,代谢速度受到障碍。

(A)大于 9.0　　　　　　　　(B)小于 9.0

(C)大于 6.5,小于 9.0　　　　(D)小于 6.5

124. 用含有大量(　　)的污水灌溉农田,会堵塞土壤孔隙,影响通风,不利于禾苗生长。

(A)酸性　　　　(B)碱性　　　　(C)SS　　　　(D)有机物

125. 通过三级处理,BOD_5 要求降到(　　)以下,并去除大部分 N 和 P。

(A)20 mg/L　　　　(B)10 mg/L　　　　(C)8 mg/L　　　　(D)5 mg/L

126. NH_3-N 的采样应该用(　　)。

(A)G 硬质玻璃瓶　　　　　　(B)P 聚乙烯瓶

(C)G 硬质玻璃瓶或 P 聚乙烯瓶　　(D)以上都不对

127. 显微镜的目镜是 16X,物镜是 10X,则放大倍数是(　　)倍。

(A)16　　　　(B)10　　　　(C)100　　　　(D)160

128. 利用污泥中固体与水之间的比重不同来实现的,适用于浓缩比重较大的污泥和沉渣的污泥浓缩方法是(　　)。

(A)气浮浓缩　　　　(B)重力浓缩　　　　(C)离心机浓缩　　　　(D)化学浓缩

129. 序批式活性污泥法的特点是(　　)。

(A)生化反应分批进行　　　　(B)有二沉池

(C)污泥产率高　　　　　　(D)脱氮效果差

130. 氧化沟运行的特点是(　　)。

(A)运行负荷高　　　　　　(B)具有反硝化脱氮功能

(C)处理量小　　　　　　(D)污泥产率高

131. 兼氧水解池的作用是(　　)。

(A)水解作用　　　　(B)酸化作用　　　　(C)水解酸化作用　　　　(D)产气作用

132. 后生动物在活性污泥中出现,说明(　　)。

(A)污水净化作用不明显　　　　(B)水处理效果较好

(C)水处理效果不好　　　　　(D)大量出现,水处理效果更好

133. 空气氧化法处理含硫废水,是利用空气中的(　　)。

(A)氮气　　　　(B)二氧化碳　　　　(C)氢气　　　　(D)氧气

134. 气浮池运行中,如发现接触区浮渣面不平,局部冒大气泡的原因是(　　)。

(A)发生反应　　　　(B)释放器脱落　　　　(C)气量过大　　　　(D)释放器堵塞

135. 在城市生活污水的典型处理流程中,格栅、沉淀、气浮等方法属于下面的(　　)方法。

(A)物理处理　　　　(B)化学处理　　　　(C)生物处理　　　　(D)深度处理

136. 标示滤料颗粒大小的是(　　)。

(A)半径　　　　(B)直径　　　　(C)球径　　　　(D)数目

137. 下面(　　)药剂属于混凝剂。

(A)消泡剂　　　　(B)聚合氯化铝　　　　(C)漂白粉　　　　(D)二氧化氯

138. 碱性废水的 pH 值(　　)。

(A)大于 7　　　　(B)等于 7　　　　(C)小于 7　　　　(D)等于 10

139. 交流电动机最好的调速方法是(　　)。

(A)变级调速　　　　　　　　(B)降压调速

(C)转子串电阻调速　　　　　　　　(D)变频调速

140. 为了避免用电设备漏电造成触电伤亡事故,在电压低于 1 000 V 电源中性接触地的电力网中应采用(　　)。

(A)保护接地　　　　　　　　(B)保护接零

(C)工作接地　　　　　　　　(D)既保护接地又保护接零

141. 下列(　　)环境因子对活性污泥微生物无影响。

(A)营养物质　　　　(B)酸碱度　　　　(C)湿度　　　　(D)毒物浓度

142. 水泵各法兰结合面能涂(　　)。

(A)滑石粉　　　　(B)黄油　　　　(C)颜料　　　　(D)胶水

143. 竖流式沉淀池的排泥方式一般采用(　　)。

(A)自然排泥　　　　(B)泵抽吸　　　　(C)机械排泥　　　　(D)静水压力

144. 下列(　　)泵不属于叶片式泵。

(A)离心泵　　　　(B)混流泵　　　　(C)潜水泵　　　　(D)螺杆泵

145. 噪声级超过(　　)dB,人的听觉器官易发生急性外伤,只是鼓膜受伤。

(A)100　　　　(B)120　　　　(C)140　　　　(D)160

146. 二级处理主要是去除废水中的(　　)。

(A)悬浮物　　　　(B)微生物　　　　(C)油类　　　　(D)有机物

147. 活性污泥主要由(　　)构成。

(A)原生动物　　　　　　　　(B)厌氧微生物

(C)好氧微生物　　　　　　　　(D)好氧微生物和厌氧微生物

148. 单位体积的气体通过风机后获得的能量增加值称为(　　)。

(A)流量　　　　(B)全风压　　　　(C)功率　　　　(D)效率

149. 河流的稀释能力主要取决于河流的(　　)的能力。

(A)杂质的多少　　　　(B)推流和扩散　　　　(C)推流速度　　　　(D)扩散系数

150. 废水中有机物在各时刻的耗氧速度和该时刻的生化需氧量(　　)。

(A)正比　　　　(B)反比　　　　(C)相等　　　　(D)无关

151. 为了使沉砂池能正常进行,主要要求控制(　　)。

(A)颗粒粒径　　　　(B)污水流速　　　　(C)间隙宽度　　　　(D)曝气量

152. 悬浮颗粒在水中的沉淀,可根据(　　)分为四种基本类型。
(A)浓度和特征　　　　(B)下沉速度　　　　(C)下沉体积　　　　(D)颗粒粒径

153. 若要增加水泵扬程,则不可采用(　　)。
(A)增大叶轮直径　　　　　　　　　(B)增加叶轮转速
(C)将出水管改粗　　　　　　　　　(D)将出水管改细

154. 立式泵底座水平座用垫铁调整,用水平仪测量水平度允差(　　)。
(A)0.1/100　　(B)0.1/1 000　　(C)0.01/1 000　　(D)1/100

155. 齿轮的齿数相同,模数越大,则(　　)。
(A)外形尺寸越小　　(B)外形尺寸越大　　(C)齿形角越大　　(D)齿形角越小

156. 在齿轮转动中,具有自锁特征的是(　　)。
(A)直齿圆齿轮　　(B)圆锥齿轮　　(C)斜齿轮　　(D)蜗杆蜗轮

157. 细格栅通常用于沉砂池,其间隙宽度应掌握在(　　)。
(A)5～10 mm　　(B)5～30 mm　　(C)10～15 mm　　(D)10～25 mm

158. 在叶轮盖板上打通孔其作用是(　　)。
(A)静平衡　　　　　　　　　　(B)减少容积损失
(C)减少叶轮轴向窜动　　　　　　　(D)美观

159. 在异步电动机直接启动电路中,熔断器的熔体额定电流应取电动机额定电流的(　　)倍。
(A)1～1.5　　(B)1.5～2　　(C)2.5～4　　(D)4～7

160. 三相异步电动机转子转速为1 440 r/min,它应是(　　)极电机。
(A)2　　(B)4　　(C)6　　(D)8

161. 轴向力平衡机构的作用是(　　)。
(A)增加叶轮刚度　　　　　　　　　(B)减少叶轮轴向窜动
(C)平衡叶轮进出口压力　　　　　　(D)减少容积损失

162. 以泵轴中间轴为基准,用(　　)找正电机座位置。
(A)直角尺　　(B)百分表　　(C)万能角度尺　　(D)水平尺

三、多项选择题

1. 硫化物沉淀法中常用的沉淀剂有(　　)。
(A)Na_2S　　(B)NaHS　　(C)K_2S　　(D)H_2S

2. 钡盐沉淀法中常用的沉淀剂有(　　)。
(A)碳酸钡　　(B)氯化钡　　(C)硫酸钡　　(D)氧化钡

3. 下列物质中可作为氧化剂的有(　　)。
(A)氯气　　(B)二价镁　　(C)二价铁　　(D)高锰酸钾

4. 下列物质中可作为还原剂的有(　　)。
(A)氧气　　(B)二氧化硫　　(C)二价铁　　(D)二氧化锰

5. 影响氧化还原反应进行的因素有(　　)。
(A)pH值　　　　　　　　　　(B)温度
(C)湿度　　　　　　　　　　(D)氧化剂和还原剂浓度

6. 影响离心泵性能的因素包括(　　)。
(A)泵的结构和尺寸 　　　　　　　　(B)泵的转速
(C)运行温度 　　　　　　　　　　　(D)运行时间

7. 以下(　　)是泵的性能参数。
(A)流量 　　　　(B)扬程 　　　　(C)功率 　　　　(D)转速

8. 细菌按形状分为(　　)三类。
(A)球菌 　　　　(B)杆菌 　　　　(C)螺旋菌 　　　　(D)放线菌

9. 下列说法正确的是(　　)。
(A)微生物形体微小、结构简单、肉眼可见
(B)微生物有分布广,种类繁多等特点
(C)微生物必须通过电子显微镜或光学显微镜才能观察到
(D)细菌不属于微生物

10. 原生动物的营养类型有(　　)。
(A)厌氧型 　　　　(B)全动型 　　　　(C)植物型 　　　　(D)腐生型

11. 活性污泥中的原生动物的类群有(　　)。
(A)肉足类 　　　　(B)鞭毛类 　　　　(C)纤毛类 　　　　(D)甲壳类

12. 细菌生长繁殖包括以下(　　)阶段。
(A)停滞期 　　　　(B)对数期 　　　　(C)静止期 　　　　(D)衰亡期

13. 污水按其来源分为(　　)。
(A)生活污水 　　　　(B)工业污水 　　　　(C)城市污水 　　　　(D)初期雨水

14. 污水按水中的主要污染成分可分为(　　)。
(A)有机污水 　　　　(B)无机污水 　　　　(C)综合污水 　　　　(D)工业污水

15. 污水水质常用的指标有(　　)。
(A)工业指标 　　　　(B)物理指标 　　　　(C)化学指标 　　　　(D)生物指标

16. 以下(　　)属于污水的物理指标。
(A)碱度 　　　　(B)浊度 　　　　(C)温度 　　　　(D)酸度

17. 以下(　　)属于污水的化学指标。
(A)固体物质 　　　　(B)电导率 　　　　(C)化学需氧量 　　　　(D)溶解氧

18. 以下(　　)属于污水的生物指标。
(A)大肠菌群数 　　　　(B)臭味 　　　　(C)pH 值 　　　　(D)细菌总数

19. 下列(　　)属于污水中的有机污染物。
(A)化学需氧量 　　　　(B)溶解性杂质 　　　　(C)总有机碳 　　　　(D)生化需氧量

20. 均质调节池的类型包括(　　)。
(A)间歇式均化池 　　(B)均量池 　　　　(C)均质池 　　　　(D)事故调节池

21. 均质调节池的混合方式包括(　　)。
(A)手动搅拌 　　(B)加药搅拌 　　　　(C)机械搅拌 　　　　(D)空气搅拌

22. 沉砂池的类型包括(　　)。
(A)平流式 　　(B)竖流式 　　　　(C)辐流式 　　　　(D)网格式

23. 下列有关沉砂池的说法正确的是(　　)。

(A)沉砂池超高不宜小于 0.4 m

(B)沉砂池个数或分格数不应该少于 3 个

(C)沉砂池去除对象是密度为 2.65 kg/cm³,粒径在 0.2 mm 以上的砂粒

(D)人工排砂管管直径大于 200 mm

24. 平流沉砂池的基本要求包括(　　)。

(A)池底坡度 0.01～0.02　　　　　(B)每格宽度不小于 0.5 m

(C)有效水深一般为 0.25～0.5 m　　(D)最大流量时停留时间一般为 30～60 s

25. 影响污水生物处理的因素包括(　　)。

(A)负荷　　　　(B)温度　　　　(C)pH 值　　　　(D)色度

26. 活性污泥性能指标包括(　　)。

(A)污泥龄　　　(B)污泥容积指数　　(C)污泥体积　　(D)污泥沉降比

27. 活性污泥净化污水的过程包括(　　)。

(A)过滤、消毒过程　　　　　　(B)絮凝、吸附过程

(C)分解、氧化过程　　　　　　(D)沉淀、浓缩过程

28. 常用的培养活性污泥的方法包括(　　)。

(A)自然培养　　(B)连种培养　　(C)培养基培养　　(D)生物培养

29. 驯化活性污泥的方法包括(　　)。

(A)同步驯化　　(B)人工驯化　　(C)药剂驯化　　　(D)接种驯化

30. 下列关于活性污泥法有效运行的基本条件叙述正确的是(　　)。

(A)污水中含有足够的胶体状和溶解性易生物降解的有机物

(B)曝气池中的混合液有一定量的溶解氧

(C)活性污泥在曝气池中呈漂浮状态

(D)污水中有毒有害物质的含量在一定浓度范围内

31. 活性污泥曝气方法包括(　　)。

(A)鼓风曝气　　(B)机械曝气　　(C)深井曝气　　(D)纯氧曝气

32. 根据混合液在曝气池内的流态,曝气池可分为(　　)。

(A)深井式　　　(B)完全混合式　　(C)推流式　　　(D)循环混合式

33. 根据曝气方式的不同,曝气池可分为(　　)。

(A)鼓风曝气池　　　　　　　　(B)机械曝气池

(C)机械-鼓风曝气池　　　　　　(D)纯氧曝气

34. 控制曝气池活性污泥膨胀的措施有(　　)。

(A)投加混凝剂　　(B)投加氧化剂　　(C)投加消毒剂　　(D)通入溶解氧

35. 污泥回流系统的控制方式有(　　)。

(A)保持回流量恒定　　　　　　(B)保持回流比不变

(C)保持剩余污泥排放量恒定　　　(D)剩余污泥排放量随时改变

36. 曝气池出现生物泡沫的影响因素有(　　)。

(A)污泥体积　　(B)曝气时间　　(C)污泥停留时间　　(D)曝气方式

37. 沉淀池按水流方向划分类型有(　　)。

(A)平流式　　　(B)辐流式　　　(C)截留式　　　(D)竖流式

38. 下列关于平流式沉淀池说法正确的是(　　　)。

(A)造价高 (B)施工困难

(C)沉淀效果好 (D)池子配水不易均匀

39. 下列关于竖流式沉淀池说法错误的是(　　　)。

(A)排泥困难 (B)占地面积小 (C)池子深度小 (D)造价高

40. 下流关于辐流式沉淀池说法正确的是(　　　)。

(A)多为重力排泥 (B)适用于地下水位较高地区

(C)管理较为复杂 (D)适用于大、中型污水处理

41. 影响平流式沉淀池沉淀效果的因素有(　　　)。

(A)水流状况 (B)沉淀池分格数 (C)药剂投加量 (D)凝聚作用

42. 二沉池常规检测项目有(　　　)。

(A)悬浮物 (B)色度 (C)溶解氧 (D)COD

43. 二沉池出水 BOD 和 COD 突然升高的原因有(　　　)。

(A)水温突然升高 (B)污水水量突然增大

(C)曝气池管理不善 (D)二沉池管理不善

44. 影响硝化过程的因素有(　　　)。

(A)污泥沉降比 (B)温度 (C)pH 值和碱度 (D)溶解氧

45. 影响反硝化过程的因素有(　　　)。

(A)碳源有机物 (B)碳氮比 (C)污泥龄 (D)碱度

46. 影响生物除磷效果的因素有(　　　)。

(A)溶解氧 (B)温度 (C)污泥沉降比 (D)pH 值

47. 生物膜法在污水处理方面的优势有(　　　)。

(A)对水质和水量有较强的适应性 (B)沉降性能好

(C)适合处理低浓度污水 (D)容易运行与维护

48. 下列关于曝气生物滤池说法正确的是(　　　)。

(A)曝气生物滤池最简单的曝气装置为穿孔曝气管

(B)曝气生物滤池的布置气系统不包括汽水联合反冲洗式的供气系统

(C)曝气生物滤池对滤料的要求是兼有较小的比表面积和孔隙率

(D)曝气生物滤池的进水配水设施没有一般滤池那么讲究

49. 污水厌氧生物处理阶段包括(　　　)。

(A)氧化阶段 (B)水解发酵阶段

(C)产氢产乙酸阶段 (D)还原阶段

50. 厌氧生物处理的影响因素有(　　　)。

(A)浊度 (B)色度 (C)温度 (D)有机负荷

51. 下列(　　　)处理属于污水三级处理。

(A)除油 (B)厌氧处理 (C)离子交换 (D)电渗析

52. 下列关于混凝的说法正确的是(　　　)。

(A)混凝工艺一般有药剂配置投加、混合、反应三个环节

(B)混凝工艺具有对悬浮颗粒、胶体颗粒、疏水性污染物的去除效果良好

(C)混凝工艺对亲水性溶解性污染物的絮凝效果不好

(D)混凝工艺不适用于城市污水处理

53. 混凝剂的投配系统包括(　　　)等单元。

(A)药剂的储运　　　(B)药剂的调制　　　(C)药剂的混合　　　(D)药剂的投加

54. 混凝剂的投加方式包括(　　　)。

(A)重力投加　　　(B)压力投加　　　(C)管道投加　　　(D)水泵投加

55. 混凝剂的混合方式包括(　　　)。

(A)自然混合　　　　　　　　　　(B)水泵混合

(C)管式混合器混合　　　　　　　(D)机械混合

56. 常用的反应池类型包括(　　　)。

(A)隔板反应池　　　　　　　　　(B)机械搅拌反应池

(C)折板反应池　　　　　　　　　(D)组合式反应池

57. 下列关于反应池叙述正确的是(　　　)。

(A)隔板反应池构造复杂

(B)隔板反应池反应时间长,水量变化大时效果不稳定

(C)机械搅拌反应池能耗较大

(D)折板反应池安装、维护简单

58. 下列有关混凝处理系统的运行管理叙述正确的是(　　　)。

(A)定期进行水质的分析化验,定期进行烧杯搅拌实验

(B)保持投加混凝剂的量不变

(C)巡检时只需记录反应池内矾花大小

(D)定期清除反应池内污泥

59. 下列关于直接过滤说法正确的是(　　　)。

(A)原水浊度较低、色度不高、水质稳定可采用直接过滤

(B)滤料采用双层、三层或均质滤料

(C)不需要添加高分子助凝剂

(D)滤速根据原水水质决定,一般在 10 m/s 左右

60. 下列关于气浮法水处理方面的应用,说法正确的是(　　　)。

(A)不适用于石油、化工及机械制造业中含油污水的处理

(B)适用于处理电镀污水和含重金属离子的污水

(C)适用于水厂改造

(D)取代二次沉淀池,但不适用于产生活性污泥膨胀的情况

61. 下列关于涡凹气浮说法正确的是(　　　)。

(A)涡凹气浮结构复杂,占地面积大

(B)涡凹气浮系统由曝气装置、刮渣装置和排渣装置组成

(C)涡凹气浮主要用于去除工业或城市污水中的油脂、胶状物及固体悬浮物

(D)涡凹气浮又称为旋切气浮

62. 下列关于溶气泵气浮的说法正确的是(　　　)。

(A)溶气泵气浮产生气泡小,能耗低

(B)溶气泵气浮设备包括絮凝室、接触室、分离室、刮渣装置、溶气泵、释放管

(C)溶气泵气浮产生气泡直径一般在 $40\sim80\ \mu m$

(D)容器泵气浮附属设备多

63. 气浮池的形式有(　　)。

(A)平流式　　　　　(B)竖流式　　　　　(C)辐流式　　　　　(D)综合式

64. 下列有关气浮刮渣机的说法正确的是(　　)。

(A)尺寸较大的矩形气浮池通常采用链条刮渣机

(B)尺寸较大的矩形气浮池通常采用桥式刮渣机

(C)圆形气浮池采用行星式刮渣机

(D)刮渣机的行进速度要控制在 $100\sim200\ mm/s$

65. 污水处理系统中常用的滤池形式有(　　)。

(A)纤维素滤池　　　(B)单层滤料滤池　　(C)双层滤料滤池　　(D)三层滤料滤池

66. 滤池反冲洗的作用有(　　)。

(A)反冲洗使滤池恢复工作性能,继续工作　　(B)反冲洗能恢复滤料层的纳污能力

(C)反冲洗可以避免有机物腐败　　　　　　　(D)反冲洗能加强滤池过滤效果

67. 滤池反冲洗的方法有(　　)。

(A)用水进行反冲洗　　　　　　　　　　　(B)用水反冲洗辅助以空气擦洗

(C)用空气进行擦洗　　　　　　　　　　　(D)用气-水联合冲洗

68. 下列关于过滤运行管理注意事项正确的是(　　)。

(A)在滤速一定的条件下,过滤周期的长短基本不受水温影响

(B)在滤料层一定的条件下,反冲洗强度和历时不受原水水质影响

(C)一般在滤料粒径和级配一定时,最佳滤速与待处理水的水质有关

(D)过滤运行周期的确定一般有三种方法

69. 滤池辅助反冲洗的方式有(　　)。

(A)人工辅助清洗　　　　　　　　　　　　(B)表面辅助冲洗

(C)空气辅助清洗　　　　　　　　　　　　(D)机械翻动辅助清洗

70. 过滤出水水质下降的原因包括(　　)。

(A)滤料级配不合理　　　　　　　　　　　(B)滤速过大

(C)反冲洗时间短　　　　　　　　　　　　(D)配水不均匀

71. 按膜元件结构型式分,膜生物反应器的类型有(　　)。

(A)螺旋式型　　　　(B)中空纤维型　　　(C)平板型　　　　　(D)管式型

72. 影响膜过滤的因素包括(　　)。

(A)过滤温度　　　　(B)pH 值　　　　　(C)过滤压力　　　　(D)进水量

73. 下列属于膜过滤工艺的有(　　)。

(A)微滤　　　　　　(B)超滤　　　　　　(C)纳滤　　　　　　(D)反渗透

74. 膜的清洗方法有(　　)。

(A)水冲洗　　　　　(B)酸碱清洗　　　　(C)酶清洗　　　　　(D)气洗

75. 影响反渗透运行参数的主要因素包括(　　)。

(A)进水水质　　　　(B)进水流速　　　　(C)压力　　　　　　(D)温度

76. 反渗透装置类型包括(　　)。
(A)管式　　　　　　(B)平板式　　　　　　(C)中空纤维式　　　　(D)螺旋式

77. 反渗透工艺流程形式包括(　　)。
(A)连续法　　　　　(B)一级一段法　　　　(C)一级多段法　　　　(D)间歇式法

78. 超滤膜污染的防治措施包括(　　)。
(A)降低料液流速　　　　　　　　　(B)改变膜结构和组件结构
(C)增加料液黏度　　　　　　　　　(D)采用亲水性超滤膜

79. 活性炭吸附方式包括(　　)。
(A)静态吸附　　　　(B)连续吸附　　　　　(C)动态吸附　　　　　(D)间歇吸附

80. 活性炭在污水处理系统中的作用包括(　　)。
(A)除盐　　　　　　　　　　　　　(B)去除臭味
(C)吸附有毒有害物质　　　　　　　(D)去除重金属

81. 活性炭吸附设备形式包括(　　)。
(A)固定床　　　　　(B)移动床　　　　　　(C)流化床　　　　　　(D)自动床

82. 常用的活性炭再生方法有(　　)。
(A)反冲洗再生　　　　　　　　　　(B)化学洗涤再生
(C)微波再生　　　　　　　　　　　(D)化学氧化再生

83. 下列关于活性炭法运行管理的说法正确的是(　　)。
(A)在选用活性炭时,必须综合考虑吸附性能、机械强度、价格和再生性能
(B)活性炭表面多呈酸性
(C)在使用粉末活性炭时,所有作业都必须考虑防火防爆
(D)活性炭法对水质没有要求

84. 新树脂在使用前的处理方法包括(　　)。
(A)用清水处理　　　　　　　　　　(B)用盐水处理
(C)用稀盐酸处理　　　　　　　　　(D)用浓盐酸处理

85. 离子交换法常用的设施包括(　　)。
(A)预处理设施　　　　　　　　　　(B)离子交换设施
(C)树脂再生设施　　　　　　　　　(D)电控仪表

86. 离子交换法运行管理注意事项包括(　　)。
(A)悬浮物和油脂　　(B)有机物　　　　　　(C)pH 值　　　　　　(D)碱度

87. 污泥的处理工艺包括(　　)。
(A)污泥浓缩　　　　　　　　　　　(B)污泥消化
(C)污泥脱水　　　　　　　　　　　(D)污泥干化、焚烧

88. 按污水的处理方法或污泥从污水中分离的过程,可将污泥分为(　　)。
(A)剩余活性污泥　　(B)初沉污泥　　　　　(C)腐殖污泥　　　　　(D)化学污泥

89. 按污泥的不同产生阶段,可将污泥分为五类,下列选项中属于这五类的是(　　)。
(A)化学污泥　　　　(B)生污泥　　　　　　(C)干燥污泥　　　　　(D)初沉污泥

90. 污泥处理与处置的目的包括(　　)。
(A)减量化　　　　　(B)节能化　　　　　　(C)安全化　　　　　　(D)稳定化

91. 描述污泥特性的指标包括( )。

(A)污泥干重　　　　(B)微生物　　　　(C)有毒物质　　　　(D)污泥沉降比

92. 污泥中的水分类型包括( )。

(A)自由水　　　　(B)重力水　　　　(C)间隙水　　　　(D)毛细水

93. 常用的污泥浓缩方法有( )。

(A)重力浓缩法　　　　(B)气浮浓缩法　　　　(C)离心浓缩法　　　　(D)机械浓缩法

94. 以下关于污泥浓缩的叙述正确的是( )。

(A)重力浓缩法占地面积小,浓缩效果好

(B)气浮浓缩法主要用于难以浓缩的剩余活性污泥

(C)重力浓缩法贮泥能力强,动力消耗小

(D)气浮浓缩法占地面积小,浓缩后污泥含水率低

95. 判断污泥浓缩效果的指标有( )。

(A)浓缩比　　　　(B)固体回收率　　　　(C)分离率　　　　(D)脱水率

96. 下列关于重力浓缩池运行管理注意事项说法正确的是( )。

(A)定期分析测定浓缩池的进泥量、排泥量、溢流上清液的 SS

(B)浓缩池长时间没排泥,若想开启污泥浓缩与刮泥设备,须先清理沉泥

(C)如果入流污泥包含初沉池污泥与二沉池污泥,则不必混合均匀

(D)定期将浓缩池排空检查,清理池底的积砂和沉泥

97. 以下关于气浮浓缩法说法正确的是( )。

(A)气浮浓缩法是依靠大量微小气泡附着于悬浮污泥颗粒上,减小污泥颗粒的密度而上浮,实现污泥颗粒与水的分离的

(B)与重力浓缩法相比,气浮浓缩法的浓缩效果显著

(C)气浮浓缩法不适用于污泥悬浮液很难沉降的情况

(D)气浮浓缩法一般水力停留时间为 3 h

98. 污泥离心浓缩法的指标包括( )。

(A)浓缩比　　　　(B)分离率　　　　(C)出泥含固率　　　　(D)固体回收率

99. 污泥消化可采用的工艺有( )。

(A)生物处理工艺　　　　(B)好氧处理工艺　　　　(C)厌氧处理工艺　　　　(D)兼性处理工艺

100. 污泥消化中好氧消化包括( )。

(A)普通好氧消化　　　　(B)高温好氧消化　　　　(C)生物好氧消化　　　　(D)阶段好氧消化

四、判 断 题

1. 溶液 pH 值为 6 时,溶液呈现酸性。( )

2. 遇到人身触电事故,首先必须使触电者迅速脱离电源。( )

3. 凡遇电火警,首先必须打"110"报警。( )

4. 办公室里的日光灯都是并联的。( )

5. 空气开关可以带负荷操作。( )

6. 轴流泵的导叶体只能增加水流流速,不能改变水流方向。( )

7. 皮带轮直径越小,三角带使用寿命越短。( )

8. 用丝锥在孔中切削出内螺纹称为攻丝。(   )

9. 泵是一种抽送液体和增加液体能量的机械。(   )

10. 水泵的出水量,又叫流量,表示泵排出液体的数量。(   )

11. 滚动轴承可以用水或用油进行冷却润滑。(   )

12. 泵的效率同设计制造好坏有关,与使用维修好坏无关。(   )

13. 水泵从原动机那里取得的轴功率可以全部转化为有效功率。(   )

14. 扬程是指吸水口到出水面的距离。(   )

15. 效率表示泵对动力有效利用的多少。(   )

16. 污水中的悬浮固体是指悬浮于水中的悬浮物质。(   )

17. 在二级处理中,初沉池是起到了主要的处理工艺作用。(   )

18. 污水处理方法中的生物法主要是分离溶解态的污染物。(   )

19. 在活性污泥系统里,微生物的代谢需要 N、P 的营养物。(   )

20. 用微生物处理污水的方法叫生物处理。(   )

21. 按污水在池中的流型和混合特征,活性污泥法可分为生物吸附法和完全混合法。(   )

22. 污水沿着池长的一端进水,进行水平方向流动至另一端出水,这种方法称为竖流式沉淀池。(   )

23. 城市污水是生活污水与雨水的混合液。(   )

24. 化学需氧量测定可将大部分有机物氧化,而且也包括水中所存在的无机性还原物质。(   )

25. 在一般推流式的曝气池中,进口处各层水流依次流入出口处,互不干扰。(   )

26. 曝气池的悬浮固体不可能高于回流污泥的悬浮固体。(   )

27. 用微生物处理污水是最经济的。(   )

28. 生物处理法按在有氧的环境下可分为阶段曝气法和表面加速曝气法两种方法。(   )

29. 一般情况下,维持可以正常的生态平衡的关键是水中的溶解氧。(   )

30. 水体本身也有去除某些污染物质的能力。(   )

31. 河流的稀释能力主要取决于河流的扩散能力。(   )

32. 污泥回流的主要目的是要保持曝气池的混合液体积。(   )

33. 在污水处理中利用沉淀法来处理污水,其作用主要是起到预处理的目的。(   )

34. 用投加无机混凝剂处理污水的方法称为物理法。(   )

35. 在一级处理中,初沉池是起到了主要的处理工艺。(   )

36. 经过处理后的污水出路是进行农田灌溉。(   )

37. 生活污水一般用物理方法就可进行处理。(   )

38. 生化需氧量是反映污水微量污染物的浓度。(   )

39. 污水处理系统中一级处理必须含有曝气池的组成。(   )

40. 对城市污水处理厂运行的好坏,常用一系列的技术经济指标来衡量。(   )

41. 污水处理厂的管理制度中主要的是岗位责任制。(   )

42. 泵站一般由泵房组成。(   )

43. 沼气一般就是甲烷气。（　　）

44. 微生物是一类体形微小,结构简单的生物。（　　）

45. SVI 是衡量污泥沉降性能的指标。（　　）

46. 电阻并联后的总电阻值总是小于其中任一电阻的阻值。（　　）

47. 正弦交流电的三要素是最大值、有效值与频率。（　　）

48. 大小随时间变化的电流叫交流电。（　　）

49. 电路中电流与电压的方向总是一致。（　　）

50. 电阻串联后的总阻值总是大于其中任一只电阻的阻值。（　　）

51. 导线的长度增加一倍,其电阻值也增加一倍。（　　）

52. 培养活性污泥需要有菌种和菌种所需的营养物。（　　）

53. MLVSS 是指混合液悬浮固体中的有机物重量。（　　）

54. 污泥指数的单位是用 mg/L 来表示。（　　）

55. 污水处理厂设置调节池的目的主要是调节污水中的 pH 值。（　　）

56. 污泥浓度大小间接地反映混合液中所含无机物的量。（　　）

57. 菌胶团多,说明污泥吸附、氧化有机物的能力较大。（　　）

58. 固体物质可分为悬浮固体和胶体固体,其总量称为总固体。（　　）

59. 采用皮带传动,传动比恒定,且有安全防过载的功能。（　　）

60. 轴流泵的导叶体可以将水流的旋转变为上升。（　　）

61. 在污水管路上使用最多的是闸阀。（　　）

62. 一般单级单吸离心泵的压水室采用圆柱形铝管。（　　）

63. 轴流泵的导叶体只能增加水流流速,不能改变水流方向。（　　）

64. 细菌能将有机物转化成为无机物。（　　）

65. 一般活性污泥是具有很强的吸附和氧化分解有机物的能力。（　　）

66. 测量外径时游标卡尺的量爪应由大到小,以避免碰伤。（　　）

67. 立式水泵具有占地面积小的特点,故使用广泛。（　　）

68. 橡胶轴承只能用水进行冷却润滑。（　　）

69. 生物处理法按在有氧的环境下可分为阶段曝气法和表面加速曝气法两种方法。（　　）

70. 效率表示泵对动力有效利用的多少。（　　）

71. 生活污水一般含有少量的有毒物质。（　　）

72. 水体中耗氧的物质主要是还原性的无机物质。（　　）

73. 为了控制和掌握污水处理设备的工作状况和效果,必须定期地检测有关指标。（　　）

74. 污水中的悬浮固体是指悬浮于水中的悬浮物质。（　　）

75. 可沉物质指能够通过沉淀加以分离的固体物质。（　　）

76. 无机污染物对水体污染自净有很大影响,是污水处理的重要对象。（　　）

77. 碱性污水的危害较酸性污水为大,并有一定的腐蚀作用。（　　）

78. 灌溉农田是污水利用的一种方法,也可称为污水的土地处理法。（　　）

79. 含有大量悬浮物和可沉固体的污水排入水体,增加了水体中悬浮物质的浓度,降低了

水的浊度。（　　）

80. 污染物质的富集也叫生物浓缩。（　　）

81. 污水处理中的化学处理法通常用于处理城市污水的。（　　）

82. 城市污水一般是以无机物质为其主要去除对象的。（　　）

83. 污水处理厂设置调节池,主要任务是调节水量和均化水质。（　　）

84. 沉淀是水中的漂浮物质,在重力的作用下下沉,从而与水分离的一种过程。（　　）

85. 辐流式沉淀池内的污水呈水平方向流动,其流速不变。（　　）

86. 及时排除沉于池底的污泥是使沉淀池工作正常,保证出水水质的一项重要措施。（　　）

87. 竖流式沉淀池用机械刮泥设备排泥很容易,便于管理。（　　）

88. 预曝气是使一些颗粒产生絮凝作用的一种手段。（　　）

89. 从曝气沉砂池中排出的沉砂有机物可占 20% 左右,长期搁置要腐败。（　　）

90. 好氧性生物处理就是活性污泥法。（　　）

91. 活性污泥法则是以活性污泥为主体的生物处理方法,它的主要构筑物是曝气沉砂池和初沉池。（　　）

92. 阶段曝气法的进水点设在池子前段数处,为多点进水。（　　）

93. 传统活性污泥法是污水和回流污泥从池首端流入,完全混合后从池末端流出。（　　）

94. 活性污泥的正常运行,除有良好的活性污泥外,还必须有充足的营养物。（　　）

95. MLSS＝MLVSS－灰分。（　　）

96. 氧化沟的曝气方式往往采用鼓风曝气的方法来供氧的。（　　）

97. 采用叶轮供氧的圆形或方形完全混合曝气池,只有键式的形成。（　　）

98. 污水处理厂在单池试运行基础上,应进行全厂性的联动试运行。（　　）

99. 厌氧消化过程的反应速率明显的高于好氧过程。（　　）

100. 污水处理系统中一级处理必须含有曝气池的组成。（　　）

101. 离心水泵在开车前应关闭出水管闸阀。（　　）

102. 在污水处理厂内,螺旋泵主要用作活性污泥回流提升。（　　）

103. 阀门的最基本功能是接通或切断管路介质的流通。（　　）

104. 暗杆式闸阀,丝杆既转动,同时又作上下升降运动。（　　）

105. 公称压力 0.25 MPa 相当于 2.5 公斤压力。（　　）

106. 管路启闭迅速可采用旋塞阀或截止阀。（　　）

107. 为了提高处理效率,对于单位数量的微生物,只应供给一定数量的可生物降解的有机物。（　　）

108. 固体通量对于浓缩池来说是主要的控制因素,根据固体通量可确定浓缩池的体积和深度。（　　）

109. 在水处理中使胶体凝聚的主要方法是向胶体体系中投加电解质。（　　）

110. 分散体系中分散度越大,分散相的单位体积的表面积即比表面积就越小。（　　）

111. 胶体颗粒表面能吸附溶液中电解质的某些阳离子或阴离子而使本身带电。（　　）

112. 双电层是指胶体微粒外面所吸附的阴离子层。（　　）

113. 库仑定律是两个带同样电荷的颗粒之间有静电斥力,它与颗粒间距离的平方成反比,相互越接近,斥力越大。(　　)

114. 水力学原理中的两层水流间的摩擦力和水层接触面积成反比。(　　)

115. 凝聚是指胶体脱稳后,聚结成大颗粒絮体的过程。(　　)

116. 高负荷活性污泥系统中,如在对数增长阶段,微生物活性强,去除有机物能力大,污泥增长受营养条件所限制。(　　)

117. 污泥负荷是描述活性污泥系统中生化过程基本特征的理想参数。(　　)

118. 从污泥增长曲线来看,F/M 的变动将引起活性污泥系统工作段或工作点的移动。(　　)

119. 社会循环中所形成的生活污水是天然水体最大的污染来源。(　　)

120. 从控制水体污染的角度来看,水体对废水的稀释是水体自净的主要问题。(　　)

121. 河流流速越大,单位时间内通过单位面积输送的污染物质的数量就越多。(　　)

122. 水的搅动和与空气接触面的大小等因素对氧的溶解速度影响较小。(　　)

123. 对于单位数量的微生物,应供应一定数量的可生物降解的有机物,若超过一限度,处理效率会大大提高。(　　)

124. 温度高,在一定范围内微生物活力强,消耗有机物快。(　　)

125. 水体正常生物循环中能够同化有机废物的最大数量为自净容量。(　　)

126. 河流的稀释能力主要取决于河流的推流能力。(　　)

127. 空气中的氧溶于水中,即一般所称的大气复氧。(　　)

128. 正常的城市污水应具有约 +1 000 mV 的氧化还原电位。(　　)

129. 对压缩(重力)沉淀来说,决定沉淀效果的主要参数是水力表面负荷。(　　)

130. 细菌的新陈代谢活动是在核质内完成的。(　　)

131. 呼吸作用即微生物的固化作用,是微生物获取生命活动所需能量的途径。(　　)

132. 对于反硝化造成的污泥上浮,应控制硝化,以达到控制反硝化的目的。(　　)

133. 表面曝气系统是通过调节转速和叶轮淹没深度调节曝气池混合液的 DO 值。(　　)

134. 污水经过格栅的流速一般要求控制在 0.6~1.0 m/s。(　　)

135. 对于一定的活性污泥来说,二沉池的水力表面负荷越小,溶液分离效果越好,二沉池出水越清晰。(　　)

136. 在电路中所需的各种直流电压,可通过变压器变换获得。(　　)

137. 电动机铭牌上标注的额定功率是指电动机输出的机械功率。(　　)

138. 行程开关是利用生产机械运动部件的碰撞而使其触头动作的一种电器,它的作用和按钮相似。(　　)

139. 电动机启动后不能自锁,一定是接触器的自锁触头损坏。(　　)

140. 两台水泵并联工作可以增加扬程。(　　)

141. 钻孔时,冷却润滑的目的应以润滑为主。(　　)

142. 对叶片泵采用切削叶轮的方法,可以改变水泵性能曲线。(　　)

143. 管道系统中低阀一般应水平安装,并与最低水位线持平。(　　)

144. 水泵发生汽蚀,机组会有振动和噪声,应考虑降低安装高度,减少水头损失。(　　)

145. 水泵串联可以增加扬程,其总扬程为各串联泵扬程之和。（　　　）

146. 蜗杆传动具有传动比准确且传动比较大而且结构紧凑的特点。（　　　）

147. 通过改变闸阀开启度可以改变水泵性能,开启度越大,流量和扬程也越大。（　　　）

148. 阀门的公称直径一般与管道外径相等。（　　　）

149. 通风机联轴器弹性圈更换时,要将全部弹性圈同时换掉。（　　　）

150. 弹性联轴器的弹性圈具有补偿偏移,缓和冲击作用。（　　　）

151. 集水井水位低于技术水位而继续开泵,会发生汽蚀。（　　　）

152. 水泵并联只能增加流量,而与扬程无关。（　　　）

153. 为防止叶轮由于重心偏移造成水泵振动,安装前叶轮要静平衡。（　　　）

154. 在配合制度上轴承与轴的配合采用基孔制。（　　　）

155. 水体中溶解氧的含量是分析水体自净能力的主要指标。（　　　）

156. 活性污泥微生物的对数增长期,是在营养物与微生物的比值很高时出现的。（　　　）

157. 完全混合式曝气池的导流区的作用是使污泥凝聚并使气水分离,为沉淀创造条件。（　　　）

158. 稀释、扩散是水体自净的重要过程。扩散是物质在特定的空间中所进行的一种可逆的扩散现象。（　　　）

159. 氧能溶解于水,但有一定的饱和度,饱和度和水温与压力有关,一般是与水温成反比关系,与压力成正比关系。（　　　）

五、简 答 题

1. 格栅在污水处理中的作用是什么?

2. 污泥回流的目的是什么?

3. 什么叫剩余污泥?

4. 活性污泥中菌胶团的作用是什么?

5. 活性污泥的评价指标有哪些?

6. 活性污泥法运行的四个基本要素是什么?

7. 简答 UASB 系统中三相分离器的组成部分及作用。

8. 活性污泥生长过慢的原因及处理方法有哪些?

9. 水泵的主要参数有哪些?

10. 离心泵的基本结构有哪几部分组成?

11. 污水处理按作用原理分哪几个类型? 按处理程度分哪几个等级?

12. 常见的触电原因有哪些?

13. 什么叫保护接零?

14. 简述曝气池有臭味的原因及排除方法。

15. 污泥发黑的原因是什么?

16. 污泥变白的原因及排除方法是什么?

17. 沉淀池有大块黑色污泥上浮的原因及排除方法有哪些?

18. 简述二沉池泥面过高的原因及处理措施。

19. 简述二沉池上清液混浊,出水水质差的原因及处理措施。

20. 简述曝气池表面出现浮渣似厚粥覆盖于表面的原因及处理措施。

21. 简述污泥未成熟，絮粒瘦小，出水混浊，水质差，游动性小型鞭毛虫多的原因及处理措施。

22. 简述曝气池中泡沫过多、色白的原因及处理措施。

23. 简述曝气池泡沫不易扩散，发粘的原因及处理措施。

24. 简述曝气池泡沫茶色或灰色的原因及处理措施。

25. 简述污泥脱水后泥饼松的原因及处理措施。

26. 污泥过滤困难的原因是什么？

27. 离心泵的特点是什么？

28. 三视图是指哪三个图？

29. 重力浓缩的特点有哪些？

30. 我国污水治理的方针是什么？

31. 排水系统的体制分几类？

32. 电动机运行时，操作工人要做哪些工作？

33. 电气发生火灾时应使用哪几类灭火器？

34. 低压开关柜内的空气开关因作用不同又称什么开关？

35. 什么是电流？

36. 变压器室的管理要求有哪些？

37. 离心泵的工作原理是什么？

38. 均质调节池的混合方式有哪些？

39. 为了使曝气池能正常运转，应如何做好管理？

40. 防止雷击应注意哪几点？

41. 简述闸阀的作用。

42. 滚动轴承有哪些特点？

43. 什么是污水？

44. 什么是城市污水？

45. 水质指标主要由哪三类组成？

46. 什么叫水头损失？

47. 生化需氧量的定义是什么？

48. 化学需氧量的定义是什么？

49. 什么是絮凝剂？

50. 什么是助凝剂？

51. 什么是过栅流速？

52. 什么是过栅水头损失？

53. 什么是污水一级处理？

54. 影响污水生物处理的因素有哪些？

55. 常用的 RO 膜清洗剂有哪些？

56. 曝气生物滤池主体可分为几个部分？

57. 反冲洗的目的是什么？

58. 曝气生物滤池填料的目的是什么？
59. 简述有机物的定义。
60. 曝气生物滤池运行中出现的异常问题有哪些？
61. 影响冲洗效果的因素有哪些？
62. 简述化学除磷的原理。
63. 消毒方法主要有哪些？
64. 简述反硝化生物滤池的功能。
65. 什么是应急监测？
66. 活性污泥法有效运行的基本条件有哪些？
67. 什么是污水的二级处理？
68. 平流式沉淀池的优点有哪些？
69. 简述过栅水头损失与过栅流速的关系。
70. 简述调节池的作用。

六、综 合 题

1. 论述厌氧生物处理的优缺点。
2. 污水处理系统的池内安全作业标准有何要求？
3. 简述污水治理的根本目的。
4. 废水好氧生化处理的基本原理是什么？
5. 废水厌氧生化处理的基本原理是什么？
6. 什么叫一级处理？什么叫二级处理？它们分别包括哪些构筑物、流程，处理效率如何？
7. 污水一般分为几种？其各自特征有哪些？
8. 如何做好水样的采集与保存工作？
9. 什么是悬浮物？
10. 水质标准是什么？其分类如何？
11. 试述生物膜法的定义。
12. 污泥处理和处置的主要目的是什么？
13. 论述栅渣压榨机的工作原理。
14. 论述气-水联合反冲洗的目的。
15. 栅渣压榨机使用时的注意事项有哪些？
16. 曝气沉砂池的作用是什么？
17. 加药系统运行操作过程中应注意哪些问题？
18. 引起活性污泥膨胀的因素有哪些？其原因如何？如何来克服？
19. 污泥活性不够的原因及处理方法有哪些？
20. 什么是污泥膨胀？
21. 论述污泥脱水机使用注意事项。
22. 什么是生物接触氧化处理技术？
23. 什么是调节池？
24. 什么是事故池？

25. 什么是气浮法?

26. 污泥回流的作用有哪些?

27. 二沉池泥面升高,初期出水特别清澈,大量污泥成层外溢原因及处理措施?

28. 污泥回流的理由是什么?

29. 已知某污水处理厂处理水量 30 000 m³/d,混凝剂单耗 28 kg/kt,试计算每天混凝剂的用量。

30. 某污水处理厂日处理量约为 40 000 m³/d,来水 BOD 平均为 175 mg/L,出水为 20 mg/L,试计算一年 BOD 的消减量。

31. 某污水处理厂污泥脱水班絮凝剂浓度是 3‰,单耗是 1.64 kg/km³,处理能力 35 000 m³/d,试计算螺杆泵流量。

32. 某污水处理厂污泥脱水班絮凝剂浓度 3‰,螺杆泵流量是 0.8 m³/h,处理污水 35 000 m³/d,试计算絮凝剂单耗。

33. 实验室常用的 65%(质量分数)浓硝酸,密度为 1.4 g/cm³,计算它的物质的量浓度。要配制 3 mol/L 的硝酸 100 mL,需这种浓硝酸多少毫升?

34. 某水厂日处理水量为 5×10^4 m³,混凝剂使用的是硫酸亚铁混凝剂,若投加率为 35 mg/L,问每天应投加硫酸亚铁混凝剂多少千克?

35. 某水厂日处理水量 10×10^4 m³,硫酸亚铁混凝剂的配制浓度为 15%,若投加率为 40 mg/L,问每小时需投加药液多少千克?

废水处理工(初级工)答案

一、填空题

1. 酸碱度	2. 酸性	3. 碱性	4. 中性
5. 氢离子浓度	6. 玻璃棒	7. 重金属离子	8. 碳酸盐
9. 高价态	10. 钡盐	11. 化学沉淀法	12. 中和反应
13. 氧化还原反应	14. 氧化还原性	15. 强	16. pH 值
17. 氧化还原法	18. 流量	19. 流速	20. 最大
21. 越小	22. 零	23. 圆	24. 立式泵
25. 单吸泵	26. 单级泵	27. 高速旋转	28. 扬程
29. 轴功率	30. 安装高度	31. 微生物	32. 细菌
33. 细胞质	34. 好氧	35. 自养	36. 原生动物
37. 有性	38. 小于 100 mg/L	39. 小于 15 mg/L	40. 6～9
41. 小于 150 mg/L	42. 小于 25 mg/L	43. 6～9	44. 0.03 mmol/L
45. 污水	46. 三	47. 排放	48. 工业废水
49. 污水回用	50. 中水	51. 水体污染	52. 3～4 mg/L
53. 水体自净	54. 生化自净	55. 3 个/mL	56. 100 个/mL
57. 物理	58. 生物化学	59. 卫生学	60. 锌
61. 四级	62. 沉淀泥砂	63. 0～37	64. 止回阀
65. 活塞杆	66. 开关	67. 总电源	68. 一起
69. 一倍	70. 混合	71. 聚合	72. 浮
73. 过滤	74. 石英砂	75. 0.8～1.8	76. 无烟煤
77. 1.67	78. 虹吸	79. 55	80. 10
81. 水冷	82. 水射器	83. 负压	84. 氯化钠
85. 饱合	86. 氯离子	87. 氢气	88. 明火
89. 绝缘鞋	90. 漏电保护器	91. 过载保护器	92. 0.45 MPa
93. 0.55 MPa	94. 自检	95. 防护用品	96. 安全带
97. 流通	98. 缓慢	99. 零	100. 清理
101. 1 kg	102. 漏电	103. 叶轮	104. 堵塞
105. 检修	106. 月	107. 代谢	108. 空气
109. 水	110. 溶气释放器	111. 硝酸	112. 机油
113. 磷	114. 铬	115. 酸	116. 油
117. 有机污泥	118. 无机物	119. 有机物	120. 初沉污泥
121. 活性污泥法	122. 腐殖污泥	123. 化学污泥	124. 生污泥

125. 浓缩污泥　126. 消化污泥　127. 脱水污泥　128. 干燥污泥

129. 间隙水　130. 毛细水　131. 二氧化碳　132. 250

133. 36　134. 10　135. 库仑　136. 开关

137. 正电荷　138. 电量　139. 材质　140. 吸引

141. 初相角　142. 较大

二、单项选择题

1. C	2. D	3. C	4. D	5. C	6. B	7. A	8. D	9. C
10. A	11. C	12. D	13. A	14. B	15. D	16. D	17. C	18. B
19. D	20. D	21. C	22. B	23. B	24. A	25. C	26. A	27. C
28. B	29. A	30. A	31. B	32. B	33. D	34. D	35. A	36. B
37. C	38. B	39. B	40. D	41. D	42. B	43. B	44. C	45. C
46. B	47. C	48. A	49. B	50. B	51. B	52. C	53. A	54. D
55. C	56. A	57. A	58. A	59. A	60. B	61. D	62. B	63. C
64. D	65. C	66. B	67. B	68. A	69. A	70. C	71. C	72. A
73. B	74. C	75. C	76. D	77. A	78. A	79. D	80. B	81. C
82. C	83. B	84. A	85. C	86. D	87. B	88. A	89. C	90. A
91. B	92. C	93. C	94. B	95. D	96. A	97. D	98. D	99. D
100. C	101. B	102. D	103. D	104. C	105. B	106. D	107. C	108. C
109. B	110. B	111. B	112. A	113. A	114. D	115. D	116. A	117. B
118. A	119. A	120. D	121. B	122. C	123. A	124. C	125. D	126. C
127. D	128. B	129. A	130. B	131. C	132. B	133. D	134. D	135. A
136. C	137. B	138. A	139. D	140. B	141. C	142. B	143. D	144. D
145. C	146. D	147. C	148. B	149. B	150. A	151. B	152. A	153. C
154. B	155. B	156. D	157. D	158. C	159. C	160. B	161. B	162. B

三、多项选择题

1. ABCD	2. AB	3. AD	4. BC	5. ABD	6. AB	7. ABCD
8. ABC	9. BC	10. BCD	11. ABC	12. ABCD	13. ABD	14. ABC
15. BCD	16. BC	17. CD	18. AD	19. ACD	20. ABCD	21. CD
22. AB	23. CD	24. AD	25. ABC	26. BD	27. BCD	28. AB
29. AD	30. ABD	31. ABCD	32. BCD	33. ABC	34. AB	35. AC
36. CD	37. ABD	38. CD	39. AC	40. BD	41. AD	42. AC
43. BCD	44. BCD	45. AB	46. ABD	47. ABCD	48. AD	49. BC
50. CD	51. CD	52. AB	53. ABCD	54. ABD	55. BCD	56. ABCD
57. BC	58. AD	59. AB	60. BC	61. BCD	62. AB	63. ABD
64. BC	65. ABC	66. ABC	67. ABD	68. CD	69. BCD	70. AB
71. BCD	72. AC	73. ABCD	74. ABCD	75. CD	76. ACD	77. BC
78. BD	79. AC	80. BD	81. ABC	82. BCD	83. AC	84. BC

85. ABCD	86. ABC	87. ABCD	88. ABCD	89. BC	90. AD	91. BC
92. CD	93. ABC	94. CD	95. ABC	96. ABD	97. AB	98. CD
99. BC	100. AB					

四、判 断 题

1. ×	2. √	3. ×	4. √	5. √	6. ×	7. √	8. √	9. √
10. ×	11. ×	12. ×	13. ×	14. ×	15. √	16. ×	17. ×	18. ×
19. ×	20. √	21. ×	22. ×	23. ×	24. √	25. ×	26. √	27. √
28. ×	29. √	30. √	31. ×	32. ×	33. √	34. √	35. √	36. ×
37. ×	38. √	39. √	40. √	41. √	42. √	43. ×	44. √	45. √
46. √	47. ×	48. ×	49. ×	50. √	51. √	52. √	53. √	54. √
55. √	56. ×	57. √	58. √	59. √	60. √	61. √	62. ×	63. ×
64. √	65. √	66. √	67. √	68. √	69. ×	70. √	71. ×	72. ×
73. √	74. ×	75. √	76. ×	77. ×	78. √	79. √	80. √	81. ×
82. ×	83. √	84. ×	85. ×	86. √	87. √	88. √	89. ×	90. ×
91. ×	92. √	93. ×	94. √	95. √	96. √	97. √	98. √	99. ×
100. ×	101. √	102. √	103. √	104. √	105. √	106. ×	107. √	108. ×
109. √	110. ×	111. √	112. √	113. √	114. √	115. ×	116. ×	117. ×
118. √	119. ×	120. ×	121. √	122. ×	123. √	124. √	125. √	126. ×
127. √	128. √	129. √	130. ×	131. √	132. √	133. √	134. √	135. √
136. ×	137. √	138. √	139. ×	140. √	141. ×	142. √	143. ×	144. √
145. √	146. √	147. ×	148. ×	149. √	150. √	151. √	152. √	153. √
154. √	155. √	156. √	157. √	158. ×	159. √			

五、简 答 题

1. 答:在污水处理过程中,格栅是用来去除那些可能堵塞水泵机组及管道阀门的较粗大的悬浮物,并保证后续处理设施能正常运行的一种装置(5分)。

2. 答:污泥回流的目的是使曝气池内保持一定的悬浮固体浓度,也就保持一定量的微生物(5分)。

3. 答:曝气池中的生化反应引起了微生物的增殖,增殖的微生物量通常从沉淀池中排除,以维持活性污泥系统的稳定运行,这部分污泥叫做剩余污泥(5分)。

4. 答:(1)使活性污泥形成絮凝体(1分)。

(2)使活性污泥易于沉降,达到泥水分离的目的(2分)。

(3)保护细菌本身不被原生动物吃掉(2分)。

5. 答:(1)MLSS——混合液悬浮固体(1分)。

(2)MLVSS——混合液挥发性悬浮固体(1分)。

(3)SV%——污泥沉降比(1分)。

(4)SVI——污泥容积指数(1分)。

(5)ts——泥龄(1分)。

6. 答:(1)以活性污泥形式出现的微生物和废水相接触(1分)。

(2)不断地向曝气池中的混合液供氧(1分)。

(3)将活性污泥与混合液分离并送回到曝气池(2分)。

(4)将增殖的活性污泥从系统中排除(1分)。

7. 答:三相分离器是 UASB 系统中的重要部件,主要组成部分为气封、沉淀区和回流缝(3分)。其主要作用为气液分离、固液分离和污泥回流(2分)。

8. 答:原因:

(1)营养物不足,微量元素不足,种泥不足(1.5分)。

(2)进液酸化度过高(1.5分)。

处理方法:

(1)增加营养物和微量元素以及种泥(1分)。

(2)减少酸化度(1分)。

9. 答:流量、扬程、转速、功率、效率度及气蚀余度等(5分)。

10. 答:离心泵主要由吸入室、叶轮、压出室、泵轴、轴封机构、密封环、轴向力平衡机构、机械传动支撑等几部分组成(5分)。

11. 答:污水处理按作用机原分,归纳起来有物理法、生物化学法和化学法三种类型(3分)。按处理程度可分为一级处理、二级处理和三级处理三个等级(2分)。

12. 答:(1)违章冒险(1.5分)。

(2)缺乏电气知识(1.5分)。

(3)无意触摸绝缘损坏的带电导线或金属体(2分)。

13. 答:保护接零是将电气设备的正常情况不带电的金属外壳或构架与供电系统的零线相接(5分)。

14. 答:主要原因为曝气池供氧不足,氧含量偏低(2分)。应增加供氧,使曝气池的氧含量浓度高于 2 mg/L(3分)。

15. 答:主要原因为曝气池 DO 过低,有机物厌氧分解释放出 H_2S,其与 Fe^{2+} 作用生成 FeS(4分)。排除方法为增加供氧或加大污泥回流量(1分)。

16. 答:原因:

(1)丝状菌或固着型纤毛虫大量繁殖(1.5分)。

(2)进水 pH 值过低,曝气池 pH≤6,丝状霉菌大量生成(1.5分)。

排除方法:

(1)如有污泥膨胀,其他症状参照膨胀对策(1分)。

(2)提高进水的 pH 值(1分)。

17. 答:主要原因为沉淀池局部积泥厌氧,产生 CH_4、CO_2,气泡附于泥粒使之上浮,出水氨氮往往较高(3分)。防止沉淀池有死角,排泥后在死角区用压缩空气冲洗(2分)。

18. 答:主要原因为丝状菌未过量生成,MLSS 值过高(3分)。主要处理措施为增加排泥(2分)。

19. 答:主要原因是污泥负荷过高,有机物氧化不完全(3分)。处理措施为减少进水流量,减少排泥(2分)。

20. 答:主要原因为浮渣中诺卡氏菌或纤发菌过量生长,或进水中洗涤剂过量(3分)。处理措施为清除浮渣,避免浮渣继续留在系统内循环,增加排泥(2分)。

21. 答:主要原因为水质成分浓度变化过大;废水中营养不平衡或不足;废水中含毒物或 pH 值不足(3分)。处理措施为使废水成分、浓度和营养物均衡化,并适当补充所缺营养(2分)。

22. 答:主要原因为进水洗涤剂过量(3分)。处理措施为增加喷淋水或消泡剂(2分)。

23. 答:主要原因为进水负荷过高,有机物分解不全(3分)。处理措施为降低负荷(2分)。

24. 答:主要原因为污泥老化,泥龄过长解絮污泥附于泡沫上(3分)。处理措施为增加排泥(2分)。

25. 答:主要原因为有机物腐败及凝聚剂加量不足(3分)。处理措施为及时处置污泥,增加凝聚剂的剂量(2分)。

26. 答:主要原因为污泥解絮(5分)。

27. 答:离心泵的特点是流量小、扬程高、结构简单、操作方便(5分)。

28. 答:三视图是指主视图、俯视图和左视图(5分)。

29. 答:重力浓缩的优点是运行费用低,操作管理比较简便(2分),但浓缩池中污泥停留时间长,浓缩池占地面积大,污泥容易腐化变质产生臭气和导致上浮(3分)。

30. 答:我国污水治理的方针是全面规划,合理布局,综合利用,化害为利,依靠群众,大家动手,保护环境,造福人民(5分)。

31. 答:排水系统的体制,一般分为合流制和分流制两个大类(5分)。

32. 答:勤听:听正常和异常声响(2分);勤嗅:嗅异味(1分);勤看:看有否异常现象(1分);勤摸:摸温度(1分)。

33. 答:二氧化碳、1211、干粉灭火器及黄砂(5分)。

34. 答:低压开关柜内的空气开关又称为保护开关(5分)。

35. 答:在电场力的作用下,电荷有规则地定向移动形成电流(5分)。

36. 答:变压器室要做到"四防一通",即防火、防汛、防雨雪、防小动物和通风良好(5分)。

37. 答:利用叶轮旋转而使水发生离心运动来工作(5分)。

38. 答:(1)水泵强制循环(1分)。

(2)空气搅拌(1分)。

(3)机械搅拌(1分)。

(4)穿孔导流槽引水(2分)。

39. 答:(1)严格控制进水量、负荷、污泥浓度(1分)。

(2)控制回流污泥量,注意活性污泥的质量(1分)。

(3)严格控制排泥量和排泥时间(1分)。

(4)适当供氧(1分)。

(5)认真做好记录,及时分析运行数据(1分)。

40. 答:在高大建筑物或雷区的每个建筑物上安装避雷针(1分),使用室外电视或收录机天线的用户应装避雷器(1分),雷雨时尽量不外出(1分),不在大树下躲雨(1分),不站在高处(1分)。

41. 答:安装在管道上(1分),控制液体流量(2分),方便管道维护检修(2分)。

42. 答:滚动轴承工作时滚动体在内、外圈的滚道上滚动,形成滚动摩擦(2分),具有摩擦小、效率高、轴向尺寸小、装拆方便等特点(3分)。

43. 答:污水是生活污水、工业废水、被污染的雨水和排入城市排水系统的其他污染水的统称(5分)。

44. 答:城市污水、生活污水、生产污水或经工业企业局部处理后的生产污水,往往都排入城市排水系统。故把生活污水和生产污水的混合污水叫做城市污水(5分)。

45. 答:物理性水质指标、化学性水质指标和生物性水质指标(5分)。

46. 答:水流经某个过程后,水流的能量就会因克服阻力而减少,这个能量损失称为水头损失(5分)。

47. 答:在温度为20℃和有氧的条件下,由于好氧微生物分解水中有机物的生物化学氧化过程中所需的氧量叫生化需氧量,单位为mg/L(5分)。

48. 答:在一定条件下,水中有机物与强氧化剂作用所消耗的氧化剂折合成氧的量称为化学需氧量,以氧的mg/L计(5分)。

49. 答:能够降低或消除水中分散微粒的沉淀稳定性和聚合稳定性,使分散微粒凝聚、絮凝成聚集体而除去的一类物质(5分)。

50. 答:在污水的混凝处理中,有时使用单一的絮凝剂不能取得良好的混凝效果,往往需要投加某些辅助药剂以提高混凝效果,这种辅助药剂称为助凝剂(5分)。

51. 答:污水流过栅条和格栅渠道的速度(5分)。

52. 答:格栅前后的水位差,它与过栅流速有关(5分)。

53. 答:一级处理也叫预处理,一般通过沉淀等物理方法去除水中的悬浮状态固体物质,或通过化学方法,使污水中的强酸、强碱和过浓的有毒物质得到初步净化(5分)。

54. 答:负荷、温度、pH值、含氧量、营养、有毒物质(5分)。

55. 答:氢氧化钠溶液、盐酸溶液、柠檬酸溶液(5分)。

56. 答:曝气生物滤池主体由滤池池体、滤料层、承托层、布水系统、布气系统、反冲洗系统、出水系统、管道和自控系统组成(5分)。

57. 答:就是将这些杂质通过反冲洗随冲洗水排掉,保证曝气生物滤池正常稳定运行(5分)。

58. 答:填料是生物膜的载体,同时兼有载流悬浮物质的作用,因此,载体填料是曝气生物的关键,直接影响着曝气生物滤池的效能(5分)。

59. 答:有机物主要指碳水化合物、蛋白质、油脂、氨基酸等(5分)。

60. 答:(1)气味;(2)生物膜严重脱落;(3)处理效率降低;(4)滤池截污能力下降;(5)进水水质异常;(6)出水水质异常;(7)出水呈微黄色(5分)。

61. 答:冲洗强度;滤层膨胀度;冲洗时间(5分)。

62. 答:化学除磷是指通过向污水投加金属盐药剂与污水中的磷酸根反应,形成颗粒状物质,在沉淀池加以去除(5分)。

63. 答:有液氯、二氧化氯、次氯酸钠、臭氧及紫外线消毒法(5分)。

64. 答:通过脱氮作用将污水中含氮有机物转化为氮气(3分),去除污水中的NH_4-N含量,随后处理水自流入配水井(2分)。

65. 答:环境应急情况下,为发现和查明环境污染情况和污染范围而进行的环境监测(3分)。包括定点监测和动态监测(2分)。

66．答：(1)污水中含有足够的胶体状和溶解性易生物降解的有机物(2分)。

(2)曝气池中的混合液有一定的溶解氧(1分)。

(3)活性污泥在曝气池内呈悬浮状态，能够与污水充分接触(2分)。

67．答：污水的二级处理是在一级处理的基础上，利用生物化学作用，对污水进行进一步的处理(5分)。

68．答：(1)沉淀效果好(1分)。

(2)对冲击负荷和温度变化的适用能力较强(2分)。

(3)施工简易，造价较低(2分)。

69．答：若过栅水头损失增大，说明过栅流速增大，此时有可能是过栅水量增加或者格栅局部被栅渣堵塞(3分)，若过栅水头损失减小，则说明过栅流速降低(2分)。

70．答：接纳粗格栅污水和反冲洗废水(2分)，调节全厂后续工艺流程的进水量(3分)。

六、综 合 题

1．答：废水的厌氧生物处理工艺，由于不需另加氧源，故运转费用低。而且可回收利用生物能(甲烷)以及剩余污泥量亦少得多，这些都是厌氧生物处理工艺的优点(5分)。其主要缺点是由于厌氧生化反应速度较慢，故反应时间长，反应器容积较大。而且要保持较快的反应速度，就要保持较高的温度，消耗能源。总的来说，对有机污泥的消化以及高浓度(一般 $BOD_5 \geqslant$ 2 000 mg/L)的有机废水均可采用厌氧生物处理法予以无害化及回收沼气(5分)。

2．答：(1)池内操作应按照先检测后作业的原则，经检测氧含量达到19.5%以上时方可进入内部检查或维修工作(4分)。

(2)安排监护人员，监护人员不得离岗，作业人员与监护人员应事先规定明确联络信号，并保持有效联络(3分)。

(3)作业时保持池内的通风良好(3分)。

3．答："综合利用、化害为利"这是消除污染环境的有效措施(4分)。"依靠群众，大家动手"这是调动全社会及广大群众的积极性，以便搞好环境及污水治理工作(3分)。"保护环境，造福人类"这是环境保护的出发点和根本目的(3分)。

4．答：活性污泥法是一种应用最广泛的废水好氧生化处理技术。废水一次沉淀池后与二次沉淀池底部回流的活性污泥同时进入曝气池，通过曝气，活性污泥呈悬浮状态，并与废水充分接触。废水中的悬浮固体和胶状物质被活性污泥吸附，而废水中的可溶性有机物被充当活性污泥中的微生物用作自身繁殖的营养，代谢转化为生物细胞，并氧化成为最终产物(主要是 CO_2)(5分)。非溶解性有机物需先转化成溶解性的有机物，而后才被代谢和利用。废水由此得到净化。净化后废水与活性污泥在二次沉淀池内进行分离，上层出水排放；分离浓缩后的污泥一部分返回曝气池内保持一定浓度的活性污泥，其余为剩余污泥，由系统排出(5分)。

5．答：废水厌氧生化处理是指在无分子氧条件下通过厌氧微生物和兼性微生物的作用，将废水中的各种复杂有机物分解转化成甲烷和二氧化碳等物质的过程，称为厌氧消化(5分)，它与好氧过程的根本区别在于以分子态氧作为受氢体，而以化合态氧、碳、硫、氮等为受氢体。厌氧生物处理是一个复杂的生物化学过程，依靠四大主要类群的细菌，即水解产酸细菌、产氢产乙酸细菌、同型产乙酸菌群和产甲烷细菌的联合作用完成，因而可粗略地将厌氧消化过程划分为三个连续的阶段，即水解酸化阶段、产氢产乙酸阶段和产甲烷阶段(5分)。

6. 答:一级处理:主要去除污水中呈悬浮状态的固体污染物质(2分)。

构筑物:集水井、格栅、沉砂池、初沉池(1分)。

流程:污水→集水井、格栅→沉砂池→初沉池→出水(1分)。

处理效率:BOD_5 去除率为 30% 左右,SS 去除率为 50% 左右(1分)。

二级处理:主要去除污水中呈胶体和溶解状态的有机性污染物质(2分)。

构筑物:除一级处理中的构筑物以外还有曝气池、二沉池(1分)。

流程:一级处理后的水→曝气池→二沉池→出水→剩余污泥→回流污泥(1分)。

处理效率:BOD_5 去除率为 90%～96% 左右,SS 去除率为 90% 左右(1分)。

7. 答:污水一般可分为生活污水、城市污水、工业废水、初期雨水四种(2分)。

生活污水:有机物多(约占 60% 左右),无毒,病原菌多,肥效高,水质较稳定(2分)。

工业废水包括生产废水和生产污水两种:

生产废水:污染轻微或只仅仅是水温较高(1分)。

生产污水:成分复杂,多半有危害性,水质水量变化大,污染程度较严重(1分)。

城市污水:其成分与性质因各城市间差别较大,故水质水量要通过调查来确定(2分)。

初期雨水:含各种有机废物及无机尘埃,一般水质较差(2分)。

8. 答:(1)水样采集:为了具有代表性,必须做到四定——定时、定点、定量、定方法。具体为:

1)采样容器:要求注意瓶质量,瓶数量及瓶的容量;另对瓶塞要求进行预处理(1分)。

2)定时:一定按监测要求来定。一般有间隔瞬时水样与平均混合水样(1分)。

3)定点(0.5分)。

4)定数量:根据污水流量的大小比例来决定取水样量(0.5分)。

5)定方法:根据排水性质、排水时间及分析项目的要求采用不同的方法。一般有平均采样法,一次采样法,动态取样法,平均比例采样法(2分)。

(2)水样保存:

1)要求水样中各组分不变,保持时间越短越好(1分)。

2)对于水质物理常数的测定,最好在现场测量,免发生变化(2分)。

3)水样保存期限,随水样的质的性质和待测项目不同而有差异,一般最大保存期为:清洁水为 72 h,轻度污染水为 48 h,深度污染水为 12 h(2分)。

9. 答:水中固体污染物质的存在形态有悬浮态、胶体状态和溶解态三种(3分)。呈悬浮态的物质称为悬浮物,指粒径大于 100 nm 的杂质,这类杂质造成水质显著浑浊(3分)。其中颗粒较重的多数为泥砂类无机物,在静置时会自由下沉(2分)。颗粒较轻的多为动植物腐烂而产生的有机物,浮在水面上(2分)。

10. 答:水质标准是指用户所要求的各项水质参数应达到的指标(3分)。判断水质的好坏是以水质标准为依据(2分)。水质指标按其主要性状和作用大体可分为感官性状指标、一般化学性指标、毒理学指标、细菌学指标和放射性指标五大类(5分)。

11. 答:污水生物处理的一种方法(5分)。该法采用各种不同载体,通过污水与载体的不断接触,在载体上繁殖生物膜,利用膜的生物吸附和氧化作用,以降解去除污水中的有机物,脱落下来的生物膜与水进行分离(5分)。

12. 答:(1)减少污泥的含水率。污泥含水率的降低,可为其后续处理、资源化利用和运输创造条件(4分)。

(2)使污泥卫生化、稳定化，污泥中含有大量的有机物，也可能含有多种病原菌和其他有毒有害物质。必须消除这些会发臭、易导致病害及污染环境的因素，使污泥卫生而稳定无害(4分)。

(3)改善污泥的成分和性质，有利于进行综合利用(2分)。

13. 答：栅渣压榨机安装在格栅后，与格栅、无轴螺旋输送机配套，用于栅渣的压榨脱水(4分)。压榨机的进料斗应向上扩口，以接纳输送机的卸料，输出管应倾斜向上，将栅渣平稳地投入圆口垃圾桶内(3分)。进料与螺旋输送机衔接，出料应排入垃圾桶(3分)。

14. 答：气-水联合反冲洗增大了混合反冲洗介质的速度梯度 G 值(4分)。颗粒的碰撞次数和水流剪切力均与 G 值成正比，因而也就增大了颗粒的碰撞次数和水流剪切力，使原来在反冲洗时不易剥落的截留物，也易剥落，从而提高了反冲洗效果(6分)。

15. 答：(1)栅渣压榨机应与格栅联动，格栅停止后，压榨机应延续运行一段时间，将栅渣压实(2分)。

(2)避免大块坚硬物体的进入，如金属、石块等，遇到这些物体应及时手动清除(2分)。

(3)当栅渣中砂石等无机颗粒较多时，栅渣的含水率较低，压榨机出口应避免设弯度较大的弯头，以防止堵塞、磨损严重或负荷过高引起跳闸(3分)。

(4)栅渣压榨机的出口管道，应避免使用小角度的弯头，管道尽可能为渐扩式，以防栅渣中泥较多时，堵塞管道(3分)。

16. 答：曝气沉砂池的作用就是去除污水中的无机颗粒，通过水的旋流运动，增加了无机颗粒之间的相互碰撞与摩擦的机会，使粘附在砂粒上的有机污染物得以去除(5分)。把表面附着的有机物除去，沉砂中的有机物含量低于10%，克服了普通平流沉砂池的缺点(沉砂中含有15%的有机物，使沉砂的后续处理难度增加)。通过调节曝气量，可以控制污水的旋流速度，使除砂效率较稳定，同时曝气沉砂池还具有预曝气、脱臭、消泡、防止污水厌氧分解等作用。这些作用为沉淀池、曝气池、消化池等构筑物的正常运行和沉砂的干燥脱水提供了有利条件(5分)。

17. 答：为了保证处理效果，不论使用何种混凝剂药剂或投药设备，加药设备操作时应注意做到以下几点：

(1)保证各设备的运行完好，各药剂的充足(1分)。

(2)定量校正投药设备的计量装置，以保证药剂投加量符合工艺要求(2分)。

(3)保证药剂符合工艺要求的质量标准(1分)。

(4)定期检查原污水水质，保证投药量适应水质变化和出水要求(2分)。

(5)交接班时需交代清楚储药池、投药池浓度(1分)。

(6)经常检查投药管路，防止管道堵塞或断裂，保证抽升系统正常运行(2分)。

(7)出现断流现象时，应尽快检查维修(1分)。

18. 答：因素：

(1)水质：如含有大量可溶性有机物；陈腐污水；C：N失调等(2分)。

(2)温度：$t>30℃$，丝状菌特别容易繁殖(2分)。

(3)冲击负荷：由于负荷高，来不及氧化，丝状菌就要繁殖(2分)。

原因：大量丝状菌的繁殖；高粘性多糖类的蓄积(2分)。

克服办法:曝气池运行上,DO>2 mg/L,15℃≤T≤35℃,注意营养比;对高粘性膨胀投加无机混凝剂,使其相对密度加大些(2分)。

19. 答:原因:

(1)温度不够(1分)。

(2)产酸菌生长过快(1分)。

(3)营养或微量元素不足(2分)。

(4)无机物 Ca^{2+} 引起沉淀(1分)。

排除方法:

(1)提高温度(1分)。

(2)控制产酸菌生长条件(1分)。

(3)增加营养物和微量元素(2分)。

(4)减少进泥中钙离子含量(1分)。

20. 答:指微生物的生存环境中,由于某种因素的改变(2分),使活性污泥结构松散,体积膨胀,沉降性能变差(2分),污泥沉降体积及污泥体积指数(SVI)值均异常升高(3分)。污泥膨胀通常是由于活性污泥絮体中的丝状菌过度繁殖或污泥中结合水增多引起的膨胀(3分)。

21. 答:(1)做好观测项目的观测和机器的检查维护(1分)。

(2)定期检查易磨损部件的磨损情况(1分)。

(3)发现进泥中的砂粒等要立即进行修理(2分)。

(4)冬季应加强污泥输送和脱泥机房的保温(2分)。

(5)必须保证足够的水冲洗时间(2分)。

(6)经常观察和检测脱水机的脱水效果(2分)。

22. 答:生物接触氧化处理技术是在池内充填填料,已经充氧的污水浸没全部填料,并以一定的流速流经填料(4分)。在填料上布满生物膜,污水与生物膜接触,在生物膜上微生物的新陈代谢功能的作用下,污水中有机物得以去除,污水得到净化。因此,生物接触氧化处理技术又称为"淹没式生物滤池"(6分)。

23. 答:调节池是用以调节进、出水流量的构筑物(4分)。为了使管渠和构筑物正常工作,不受污水高峰流量或浓度变化的影响,在企业单位的生产中,需在污水处理设置之前设置调节池,对水量和水质进行调节,如调节污水 pH 值、水温、预曝气,还可用作事故状态下的收集池(6分)。

24. 答:事故池是污水处理构筑物的一种。在处理化工、石化等一些工厂所排放的高浓度废水时,一般会设置事故池(4分)。原因在于当这些工厂出现生产事故后,会在短时间内排放大量高浓度且 pH 值波动大的有机废水,这些废水若直接进入污水处理系统,会给运行中的生物处理系统带来很高的冲击负荷,造成的影响需要很长时间来恢复,有时会造成致命的破坏。为避免事故水对污水处理系统带来的影响,因此很多污水处理系统设置了事故池,用于贮存事故水(6分)。

25. 答:气浮法是向污水中通入空气或其他气体产生气泡,使水中的一些细小悬浮物或固体颗粒附着在气泡上,随气泡上浮至水面被刮除,从而完成固、液分离的一种净水工艺(6分)。气浮需要借助混凝、絮凝、破乳等预处理措施来完成(4分)。

26. 答:污泥回流的作用是补充曝气池混合液流出带走的活性污泥,使曝气池内的悬浮固体浓度 MLSS 保持相对稳定(5 分);同时在污泥回流时,增加池内的搅拌,使污泥与污水的接触均匀,可以提高污水处理效果(3 分);同时对缓冲进水水质也能起到一定的作用(2 分)。

27. 答:主要原因为 SV30＞90％,SVI＞200 mL/g,污泥中丝状菌占优势,污泥膨胀(4 分)。处理措施为投加液氯、次氯酸钠、提高 pH 值等化学法杀丝状菌(2 分);投加颗粒炭、黏土、消化污泥等活性污泥"重量剂"(2 分);提高 DO;间隙进水(2 分)。

28. 答:污泥回流的理由主要有两个,首先污泥回流可将污泥送出沉淀池,否则它会越积越多而随出水外溢(5 分);另一个主要的作用是保证有足够的微生物与进水相混,使曝气池中有足够的 MLSS,维持合适的污泥负荷(5 分)。

29. 解:28(kg/kt)＝28/1 000(kg/t)(3 分)

每天混凝剂的用量＝30 000×28/1 000＝840(kg)(6 分)

答:每天混凝剂的用量为 840 kg(1 分)。

30. 解:175 mg/L＝0.000 175 t/m³　　20 mg/L＝0.000 02 t/m³(2 分)

每天 BOD 的消减量＝40 000×(0.000 175−0.000 02)＝6.2(t)(4 分)

每年 BOD 的消减量＝6.2×365＝2 263(t)(3 分)

答:一年 BOD 的消减量为 2 263 t(1 分)。

31. 解:35 000(m³/d)＝35(km³/d)(2 分)

(3‰×24×1 000×Q)/35＝1.64(6 分)

Q＝0.797(m³/h)或 Q＝0.8(m³/h)(1 分)

答:螺杆泵流量为 0.8 m³/h(1 分)。

32. 解:35000(m³/d)＝35(km³/d)(2 分)

(0.003×0.8×24×1 000)/35(4 分)

＝57.6/35(2 分)

＝1.64(kg/km³)(1 分)

答:絮凝剂单耗为 1.64 kg/km³(1 分)。

33. 解:设硝酸的物质的量的浓度是 C_{HNO_3}(mol/L),又已知 HNO_3 密度 ρ＝1.4 g/cm³,HNO_3 质量分数 ω＝0.65,HNO_3 物质的量 M＝63(1 分)。

C_{HNO_3}＝1 000$\rho\omega$/M＝1 000×1.4×0.65/63＝14.4(moL/L)(1 分)

又根据稀释前后 HNO_3 的物质的量不变,设需 HNO_3 的体积为 V(2 分),则

14.4V＝3 ×100(4 分)

V＝20.8(mL)(1 分)

答:浓硝酸物质的量的浓度为 14.4 mol/L,需这种浓硝酸 20.8 mL(1 分)。

34. 解:35 mg/L＝35 g/m³＝35 kg/1 000 m³(3 分)

每天需投加 50 000/1 000×35＝1 750(kg)(6 分)

答:每天应投加硫酸亚铁混凝剂 1 750 kg(1 分)。

35. 解:每小时处理水量为 10×10 000/24＝4 167(m³)(3 分)

需纯硫酸亚铁为 4 167×40/1 000＝166.7(kg)(3 分)

需投加药液 166.7/0.15＝1 111.2(kg)(3 分)

答:每小时需投加药液 1 111.2 kg(1 分)。

废水处理工(中级工)习题

一、填空题

1. 污泥的厌氧消化是利用厌氧微生物的(　　)、酸化、产甲烷等过程。

2. 污泥的好氧消化是在不投加(　　)的条件下,对污泥进行长时间的曝气,使污泥中的微生物处于内源呼吸阶段进行自身氧化。

3. 好氧消化可以使污泥中的(　　)部分被氧化去除,消化程度高、剩余污泥量少,处理后的污泥容易脱水。

4. 离心泵按轴上安装的叶轮的个数可分为(　　)和多级泵。

5. 叶片式水泵是靠装有叶片的叶轮(　　)来进行能量转换的。

6. 生污泥浓缩处理后得到的污泥称为(　　)。

7. 泵在一定流量和扬程下,电机单位时间内给予泵轴的功称为(　　)。

8. 生污泥厌氧分解后得到的污泥称为(　　)。

9. 形体微小、结构简单、肉眼看不见,必须在电子显微镜或光学显微镜下才能看见的所有微小生物称为(　　)。

10. 经过脱水处理后得到的污泥称为(　　)。

11. 细菌主要由细胞膜、(　　)、核质体等部分构成,有的细菌还由荚膜、鞭毛等特殊结构。

12. 按细菌对氧气的需求可以分为(　　)细菌和厌氧细菌。

13. 存在污泥颗粒见的毛细管中,约占 20%,需要更大的外力才能去除的水称为(　　)。

14. 化学法强化一级处理或三级处理产生的污泥称为(　　)。

15. 从初沉池和二沉池排处的沉淀物和悬浮物称为(　　)。

16. 单位质量液体通过泵获得的有效能量就是泵的(　　)。

17. 吸程即泵允许吸上液体的真空度,也就是泵允许的(　　)。

18. 形状细短、结构简单、多以二分裂方式进行繁殖的原核动物称为(　　)。

19. 经过干燥处理后得到的污泥称为(　　)。

20. 存在于污泥颗粒间隙中,约占污泥水分的 70% 左右,一般可借助重力或离心力分离的水称为(　　)。

21. 按细菌的生活方式来分,分为(　　)细菌和异养细菌。

22. 好氧消化有普通好氧消化和(　　)好氧消化两种。

23. 对微生物有抑制作用的化学物质叫(　　)。

24. 动物中最原始、最低等、结构最简单的单细胞动物称为(　　)。

25. 生物膜法二沉池产生的沉淀污泥称为(　　)。

26. 原生动物的生殖方式有无性生殖和(　　)生殖。

27. 剩余活性污泥是（　　　　）产生的剩余污泥。

28. 曝气池中活性污泥的总量与每日排放的污泥量之比为（　　　　）。

29. 以（　　　　）为主要成分的污泥称为有机污泥。

30. 污水综合排放一级标准,氨氮（　　　　）。

31. 污水一级处理产生的污泥称为（　　　　）。

32. 污水综合排放一级标准,COD（　　　　）。

33. 控制污泥龄是选择活性污泥系统中（　　　　）种类的一种方法。

34. 以（　　　　）为主要成分的污泥称为泥渣。

35. 除油处理废水的主要污染物是碱和（　　　　）。

36. 按活性污泥的性质,可将其分为泥渣和（　　　　）有机污泥。

37. 酸化处理废水的主要污染物是（　　　　）。

38. 100 mL 混合液静止 30 min 后所含活性污泥的克数,单位 g/mL,称为污泥（　　　　）。

39. 污水综合排放一级标准,pH 值为（　　　　）。

40. 机加工车间的主要污染物是（　　　　）。

41. 磷化废水的主要污染物是（　　　　）。

42. 污水综合排放二级标准,COD（　　　　）。

43. 铬钝化废水的主要污染物是（　　　　）。

44. 气浮池中水翻大花,说明溶气罐中（　　　　）压力过高。

45. 气浮池中只有清水,说明溶气罐中（　　　　）压力过高。

46. 如果溶气罐中水气平衡,气浮池中没有气浮,应检查（　　　　）。

47. 硝酸显光处理废水的主要污染物是（　　　　）。

48. MLSS 是衡量反应器中活性污泥（　　　　）多少的指标。

49. 活性污泥混合液悬浮固体浓度的英文缩写为（　　　　）。

50. 污水综合排放二级标准,氨氮（　　　　）。

51. 污水综合排放二级标准,pH（　　　　）。

52. 污泥消化是利用微生物的（　　　　）作用。

53. 机械设备应每（　　　　）加一次机油。

54. 活性污泥混合液挥发性悬浮固体浓度英文缩写为（　　　　）。

55. 在生产生活活动中排放水的总称叫（　　　　）。

56. 溶气泵出现声音异常时,应停机进行（　　　　）。

57. 使用潜污泵时,出水量减少,应检查叶轮是否（　　　　）。

58. 锅炉用水要求出水硬度小于（　　　　）。

59. 活性污泥污泥沉降比的英文缩写是（　　　　）。

60. 污水处理按处理程度划分可分为（　　　　）级处理。

61. 生水用于建筑物内杂用时也称（　　　　）。

62. 在工业生产过程中被使用过且被工业物料所污染,已无使用价值的水叫（　　　　）。

63. 生活污水是人类日常生活中（　　　　）的水。

64. 深度处理后的污水回用于生产或杂用叫（　　　　）。

65. 活性污泥污泥容积指数的英文缩写是（　　　　）。

66. 使用潜污泵时,过载保护器断开,应检查泵的（　　）是否卡住。

67. 使用潜污泵时,漏电保护器断开,说明泵已经（　　）,不能再继续使用。

68. 在有压力设备的检修时,要先减压为（　　）时再进行维修。

69. 二氧化氯发生器的出氯管道要每班进行（　　）。

70. 二氧化氯控制柜上电流表指示为 1 000 A 时,二氧化氯的理论产量是（　　）。

71. 某种材料的阀门在规定温度下,所允许承受的最大工作压力为（　　）。

72. 污染物进入水体使水体改变原有功能叫（　　）。

73. 饮用水标准大肠菌群数小于等于（　　）。

74. 污染后的水体,在自然条件下,由于水体自身的物理化学生物的多重作用,水体恢复到污染前状态叫（　　）。

75. 水溶解氧小于（　　）鱼虾就会死亡。

76. 水体对水体中有机污染物的自净过程叫水体的（　　）。

77. 进入消毒间要穿戴好（　　）。

78. 开阀门时要注意侧身（　　）打开。

79. 下井工作要先检测井下空气是否（　　）。

80. 登高作业要系好（　　）。

81. 污泥机械脱水以（　　）物质为过滤介质。

82. 溶气罐安全阀应每天进行（　　）。

83. 溶气罐工作压力为小于（　　）。

84. 使用潜水泵时要配备（　　）。

85. 消毒间内不准有（　　）。

86. 生物膜是高度（　　）的物质。

87. 二氧化氯发生器使用的是氯化钠中的（　　）制造氯气的。

88. 制水时采用（　　）方式可以加快制水速度。

89. 石英砂滤层下面是 35 cm 厚的（　　）。

90. 滤料的上层是 40 cm 厚（　　）。

91. 气浮的作用是将聚合在一起的污染物质（　　）到水面上。

92. 网格反应池的功能是将污水和聚合氯化铝充分（　　）。

93. 沉砂池的主要作用是（　　）。

94. 水中生化耗氧量是（　　）指标。

95. 污水的生物膜处理法是与活性污泥法并列的一种污水（　　）生物处理技术。

96. 污水与生物膜接触,污水中的（　　）作为营养物质。

97. 使用潜水泵时除配备漏电保护器外还要配备（　　）。

98. 二氧化氯在工作时会产生一种主要副产品,它是（　　）。

99. 水射器的工作原理是高压水通过变径管道时产生（　　）进行工作的。

100. 气浮池里的水通过滤料（　　）后进入清水池。

101. 聚合氯化铝的作用是将污水中的悬浮物质（　　）在一起易于气浮。

102. 生物滤池是以（　　）原理为依据,在污水灌溉的实践基础上,经较原始的间歇砂滤池和接触滤池而发展起来的。

103. 进入生物滤池的污水,必须通过(　　　)。

104. 处理城市污水的生物滤池前设(　　　)。

105. 普通的生物滤池由池体、滤料、(　　　)和排水系统等四部分组成。

106. 滤料是生物滤池的主体,它对生物滤池的(　　　)功能有直接影响。

107. 普通生物滤池一般适用于每日水量不高于(　　　)m³ 的有机性工业废水。

108. 高负荷生物滤池的高滤率是通过限制进水(　　　)值和在运行上采取处理水回流等措施达到的。

109. 生物滤池滤料表面生成的生物膜污泥,相当于(　　　)法曝气池中的活性污泥。

110. 曝气生物滤池是集(　　　)、固液分离于一体的污水处理设备。

111. 絮凝剂主要用于初沉池、二沉池、气浮池及混凝深度处理等工艺环节,作为强化(　　　)的手段。

112. 助凝剂辅助絮凝剂强化(　　　)效果。

113. 破乳剂,也称脱稳剂,主要用于对含有(　　　)的含油污水气浮前的预处理。

114. 消泡剂,主要用于消除曝气或搅拌过程中出现的大量(　　　)。

115. pH 值调节剂用于将酸性污水和碱性污水的 pH 值调整为(　　　)。

116. 氧化、还原剂用于含有氧化性物质或还原性物质、(　　　)等工业污水的处理。

117. 消毒剂用于在污水处理后排放或回用前的(　　　)处理。

118. 铝盐作为混凝剂的物质主要有硫酸铝、(　　　)等。

119. 铁盐作为混凝剂的物质主要有硫酸亚铁、(　　　)等。

120. 聚合氯化铝的英文缩写是(　　　)。

121. 絮凝剂的选择主要取决于水中胶体和悬浮物的性质及(　　　)。

122. 水温影响絮凝剂的水解速度和(　　　)形成的速度及结构。

123. 在污水处理中用来辅助药剂以提高混凝效果的辅助药剂称为(　　　)。

124. 接通或截断管路中介质的阀门称为(　　　)。

125. 防止管路中介质倒流的阀门是(　　　)。

126. 防止管路或装置中介质压力超过规定数值,以保护后续设备的安全运行的阀门是(　　　)。

127. 调节介质的压力、流量等参数的阀门是(　　　)。

128. 分配、分离或混合管路中介质的阀门是(　　　)。

129. 不需要外力驱动,而是依靠介质自身的能量来使阀门动作的阀门是(　　　)。

130. 没有静止的栅条,由密布的齿耙随着回转牵引链的运动将污水中悬浮物打捞出来的格栅机称为(　　　)格栅机。

131. 转子流量计被广泛应用于污水流量、(　　　)投加的计量。

132. 电磁流量计安装时应尽量避开(　　　)物质以及具有强电磁场的设备。

133. 金属离子碳酸盐的溶度积很小,对于高浓度的重金属污水,可投加(　　　)进行回收。

134. 氢氧化物沉淀法是在一定 pH 值条件下,(　　　)生成难溶于水的氢氧化物沉淀而得到分离。

135. 氧化还原电位越低,氧化性越(　　　)。

136. 在变压器的图形符号中 Y 表示(　　　)线圈星形连接。

137. 变电站控制室内信号一般分为电压信号、电流信号、(　　)信号。

138. 在带电设备周围(　　)使用皮尺、线尺、金属尺进行测量工作。

139. 带电设备着火时应使用干粉、二氧化碳灭火器,不得使用(　　)灭火器灭火。

140. 变电站常用(　　)电源有蓄电池、硅整流、电容储能。

141. 变电站事故照明必须是(　　)电源,与常用照明回路不能混接。

142. 高压断路器或隔离开关的拉合操作术语应是拉开、(　　)。

143. 继电保护装置和自动装置的投解操作术语应是投入、(　　)。

144. 感应电流所产生的磁通总是企图(　　)原有磁通的变化。

145. 在三相四线制中,当三相负载不平衡时,三相电压相等,中性线电流(　　)零。

146. 电容器上的电压升高过程是电容器中电场建立的过程,在此过程中,它从(　　)吸取能量。

147. 电容器在直流稳态电路中相当于(　　)。

二、单项选择题

1. 对无心跳无呼吸触电假死者应采用(　　)急救。
(A)送医院
(B)胸外挤压法
(C)人工呼吸法
(D)人工呼吸与胸外挤压同时进行

2. 有 2 个 20 Ω,1 个 10 Ω 的电阻,并联后阻值是(　　)。
(A)50 Ω　　　　(B)20 Ω　　　　(C)5 Ω　　　　(D)30 Ω

3. 低压相线与中性线间的电压为(　　)。
(A)110 V　　　　(B)220 V　　　　(C)380 V　　　　(D)311 V

4. 电路中会立刻造成严重后果的状态是(　　)。
(A)过载　　　　(B)短路　　　　(C)断路　　　　(D)接触不良

5. 悬浮物的去除率不仅取决于沉淀速度,而且与(　　)有关。
(A)容积　　　　(B)深度　　　　(C)表面积　　　　(D)颗粒尺寸

6. 沉淀池的形式按(　　)不同,可分为平流、辐流、竖流三种形式。
(A)池的结构　　　　(B)水流方向　　　　(C)池的容积　　　　(D)水流速度

7. 活性污泥法正常运行的必要条件是(　　)。
(A)溶解氧
(B)营养物质大量微生物
(C)良好的活性污泥和充足的氧气
(D)大量微生物

8. 对污水中可沉悬浮物质,常采用(　　)来去除。
(A)格栅　　　　(B)沉砂池　　　　(C)调节池　　　　(D)沉淀池

9. 溶解氧在水体自净过程中是个重要参数,它可反映水体中(　　)。
(A)耗氧指标
(B)溶氧指标
(C)有机物含量
(D)耗氧和溶氧的平衡关系

10. 沉砂池前要求设置细格栅,其间隙宽度一般为(　　)。
(A)5~10 mm　　　　(B)10~25 mm　　　　(C)25~30 mm　　　　(D)5~30 mm

11. 格栅每天截留的固体物重量占污水中悬浮固体量的(　　)。
(A)10%左右　　　　(B)20%左右　　　　(C)30%左右　　　　(D)40%左右

12. 完全混合式的 MLSS,一般要求掌握在(　　　)。

(A)2～3 g/L　　　(B)4～6 g/L　　　(C)3～5 g/L　　　(D)6～8 g/L

13. 由于推流式曝气池中多数部位的基质浓度比完全混合式高,从理论上说其处理速率应比完全混合式(　　　)。

(A)慢　　　　　　(B)快　　　　　　(C)相等　　　　　　(D)无关系

14. 合建式表面加速曝气池中,由于曝气区到澄清区的水头损失较高,故可获得较高的回流比。其回流比比推流式曝气池大(　　　)。

(A)10 倍　　　　　(B)5～10 倍　　　(C)2～5 倍　　　　(D)2 倍

15. 一般衡量污水可生化的程度为 BOD/COD 为(　　　)。

(A)小于 0.1　　　(B)小于 0.3　　　(C)大于 0.3　　　(D)0.5～0.6

16. 下列关于栅渣的说法中错误的是(　　　)。

(A)栅渣压榨机排出的压榨液可以通过明槽导入污水管道中

(B)栅渣堆放处应经常清洗,并消毒

(C)栅渣量与地区特点、栅条间隙大小、废水流量以及下水道系统的类型等因素有关

(D)清除的栅渣应及时运走处置掉,防止腐败产生恶臭,招引蚊蝇

17. 在理想沉淀池中,颗粒的水平分速度与水流速度的关系(　　　)。

(A)大于　　　　　(B)小于　　　　　(C)相等　　　　　(D)无关

18. 污染物浓度差异越大,单位时间内通过单位面积扩散的污染物质量(　　　)。

(A)越少　　　　　(B)越多　　　　　(C)零　　　　　　(D)一般

19. 为了保证生化自净,污水中必须有足够的(　　　)。

(A)温度和 pH 值　(B)微生物　　　　(C)MLSS　　　　　(D)DO

20. 竖流式沉淀池的排泥方式一般采用(　　　)方法。

(A)自然排泥　　　(B)泵抽取　　　　(C)静水压力　　　　(D)机械排泥

21. 下列关于液氯消毒影响因素说法正确的是(　　　)。

(A)pH 值越低,消毒效果越好

(B)温度越高,液氯分解越快,低温条件下的消毒效果比高温条件下要好

(C)污水的浊度越小,消毒效果越好

(D)液氯对单个游离的细菌和成团的细菌有同样的消毒效果

22. 当水温高时,液体的黏度降低,扩散度增加,氧的转移系数(　　　)。

(A)增大　　　　　(B)减少　　　　　(C)零　　　　　　(D)无关系

23. 根据水力学原理,两层水流间的摩擦力和水层接触面积的关系(　　　)。

(A)反比例　　　　(B)正比例　　　　(C)相等　　　　　(D)无关系

24. 测定水中有机物的含量,通常用(　　　)指标来表示。

(A)TOC　　　　　(B)SVI　　　　　(C)BOD_5　　　　(D)MLSS

25. 饮用水消毒合格的主要指标为 1 L 水中的大肠菌群不超过(　　　)。

(A)2 个　　　　　(B)3 个　　　　　(C)4 个　　　　　(D)5 个

26. 在水质分析中,常用过滤的方法将杂质分为(　　　)。

(A)悬浮物与胶体物　　　　　　　　　(B)胶体物与溶解物

(C)悬浮物与溶解物　　　　　　　　　(D)无机物与有机物

27. 污泥浓度的大小间接地反映混合液中所含(　　)的量。
(A)无机物　　　　　(B)SVI　　　　　(C)有机物　　　　　(D)DO

28. 水的 pH 值(　　)所含的 HClO 越多,因而消毒效果较好。
(A)10　　　　　(B)7　　　　　(C)4　　　　　(D)越低

29. 污泥回流的目的主要是保持曝气池中(　　)。
(A)DO　　　　　(B)MLSS　　　　　(C)微生物　　　　　(D)污泥量

30. A/O 系统中的厌氧段与好氧段的容积比通常为(　　)。
(A)(1/4)：(3/4)　　(B)(1/4)：(2/4)　　(C)1：2　　　　　(D)1：3

31. 电解质的凝聚能力随着离子价的增大而(　　)。
(A)减少　　　　　(B)增大　　　　　(C)无关　　　　　(D)相等

32. 废水中各种有机物的相对组成如没有变化,那么 COD 和 BOD_5 间的比例关系(　　)。
(A)COD＞BOD_5
(B)COD＞BOD_5＞第一阶段 BOD
(C)COD＞BOD_5＞第二阶段 BOD
(D)COD＞ 第一阶段 BOD＞BOD_5

33. 凝聚、絮凝、混凝三者的关系为(　　)。
(A)混凝＝凝聚＝絮凝
(B)三者无关
(C)混凝＝凝聚＋絮凝
(D)絮凝＝混凝＋凝聚

34. 污水处理中设置调节池的目的是调节(　　)。
(A)水质和水量　　(B)水温和 pH 值　　(C)水质　　　　　(D)水量

35. 废水治理需采用的原则是(　　)。
(A)集中
(B)分散
(C)局部
(D)分散与集中相结合

36. 正常的城市污水应具有(　　)的氧化还原电位。
(A)＋10 mV　　　　(B)＋50 mV　　　　(C)＋100 mV　　　(D)＋200 mV

37. 在初沉池的运转中,其水平流速一般(　　)或接近冲刷流速。
(A)会超过　　　　(B)不会超过　　　　(C)等于　　　　　(D)很少

38. 悬浮物和水之间有一种清晰的界面,这种沉淀类型称为(　　)。
(A)絮凝沉淀　　　(B)压缩沉淀　　　　(C)成层沉淀　　　(D)自由沉淀

39. 污水经过格栅的流速一般要求控制在(　　)。
(A)0.1～0.5 m/s
(B)0.6～1.0 m/s
(C)1.1～1.5 m/s
(D)1.6～2.0 m/s

40. 会使二沉池产生异重流,导致短流的变化是(　　)。
(A)温度　　　　　(B)pH 值　　　　　(C)MLSS　　　　　(D)SVI

41. 新陈代谢包括(　　)作用。
(A)同化　　　　　(B)异化　　　　　(C)呼吸　　　　　(D)同化和异化

42. 可以提高空气的利用率和曝气池的工作能力的方法是(　　)。
(A)渐减曝气　　　(B)阶段曝气　　　　(C)生物吸附　　　(D)表面曝气

43. 用来去除生物反应器出水中的生物细胞等物质的构筑物是(　　)。
(A)沉砂池　　　　(B)初沉池　　　　　(C)曝气池　　　　(D)调节池

44. 曝气池供氧的目的是提供给微生物(　　)的需要。

(A)分解有机物 　(B)分解无机物 　(C)呼吸作用 　(D)分解氧化

45.当沉淀池容积一定时,装了斜板(或斜管)后,表面积越大,池深就越浅,其分离效果就( )。

(A)越差 　(B)越好 　(C)零 　(D)无关系

46.锯割薄板或管子,可用( )锯条。

(A)粗齿 　(B)细齿 　(C)随意 　(D)中齿

47.平键联结的特点是以键的( )为工作面。

(A)顶面 　(B)两侧面 　(C)两端面 　(D)所有面

48.流量与泵的转速( )。

(A)成正比 　(B)成反比 　(C)无关 　(D)相等

49.润滑滚动轴承,可以用( )。

(A)润滑油 　(B)机油 　(C)乳化液 　(D)水

50.8PWL 型离心污水泵的叶轮属于( )。

(A)敞开式 　(B)封闭式 　(C)半开式 　(D)可调式

51.如果水泵流量不变,管道截面减小了,则流速( )。

(A)增加 　(B)减小 　(C)不变 　(D)无关

52.双头螺纹的导程应等于( )倍螺距。

(A)1/2 　(B)2 　(C)4 　(D)6

53.8214轴承可以承受( )。

(A)轴向力 　(B)圆周力 　(C)径向力 　(D)离心力

54.离心泵主要靠叶轮高速旋转产生的( )将水送出去。

(A)推力 　(B)外力 　(C)离心力 　(D)向心力

55.生物膜法一般宜用于( )污水量的生物处理。

(A)大规模 　(B)中小规模 　(C)大中规模 　(D)各种规模

56.形位公差符号"□"表示( )。

(A)平行度 　(B)平面度 　(C)斜度 　(D)锥度

57.放置填料时,填料压板应( )。

(A)全部压入 　(B)压入 1/2 　(C)压入 1/3 　(D)压入 1/4

58.水泵各法兰结合面间必须涂( )。

(A)黄油 　(B)滑石粉 　(C)颜料 　(D)胶水

59.倾斜度是指一直线对一直线或平面对一平面的倾斜程度,用符号( )表示。

(A)// 　(B)∠ 　(C)⊥ 　(D)□

60.在生物膜培养挂膜期间,会出现膜状污泥大量脱落的现象,这是( )。

(A)正常的 　(B)偶尔会发生的 　(C)极为少见的 　(D)不可能的

61.污废水的厌氧生物处理并不适用于( )。

(A)城市污水处理厂的污泥 　(B)城市供水

(C)高浓度有机废水 　(D)城市生活污水

62.异步电动机正常工作时,电源电压变化对电动机正常工作( )。

(A)没有影响 　(B)影响很小 　(C)有一定影响 　(D)影响很大

63. 星形-三角形降压启动时,电动机定子绕组中的启动电流可以下降到正常运行时电流的(   )倍。

(A)1/5   (B)1/4   (C)3   (D)1/3

64. 接触器的额定工作电压是指(   )的工作电压。

(A)主触头   (B)辅助常开触头   (C)线圈   (D)辅助常闭触头

65. 电气设备在额定工作状态下工作时,称为(   )。

(A)轻载   (B)满载   (C)过载   (D)超载

66. 热继电器在电路中具有(   )保护作用。

(A)过载   (B)过热   (C)短路   (D)失压

67. 三相异步电动机旋转磁场的旋转方向是由三相电源的(   )决定。

(A)相位   (B)相序   (C)频率   (D)相位角

68. 发生电火警时,如果电源没有切断,采用的灭火器材应是(   )。

(A)泡沫灭火器   (B)消防水龙头

(C)二氧化碳灭火器   (D)水

69. 细菌的细胞物质主要是由(   )组成,而且形式很小,所以带电荷。

(A)蛋白质   (B)脂肪   (C)碳水化合物   (D)纤维素

70. 当温度升高时,半导体的电阻率将(   )。

(A)缓慢上升   (B)很快上升   (C)很快下降   (D)缓慢下降

71. 一只额定功率为 1 W,电阻值为 100 Ω 的电阻,允许通过最大电流为(   )。

(A)100 A   (B)1 A   (C)0.1 A   (D)0.01 A

72. 电感量一定的线圈,产生自感电动势大,说明该线圈中通过电流的(   )。

(A)数值大   (B)变化量大   (C)时间长   (D)变化率大

73. 接触器中灭弧装置的作用是(   )。

(A)防止触头烧毁   (B)加快触头分断速度

(C)减小触头电流   (D)防止引起反电势

74. 若将一般阻值未知的导线对折起来,其阻值为原阻值的(   )倍。

(A)1/2   (B)2   (C)1/4   (D)4

75. 在纯净半导体材料中掺入微量五价元素磷,可形成(   )。

(A)N 型半导体   (B)P 型半导体   (C)PN 结   (D)导体

76. 工业废水中的耗氧物质是指(   )。

(A)有机物和无机物   (B)能为微生物所降解的有机物

(C)还原性物质   (D)氧化性物质

77. 由于环境条件和参与微生物的不同,有机物能通过(   )不同的途径进行分解。

(A)1 种   (B)2 种   (C)3 种   (D)4 种

78. 生化需氧量指标的测定,水温对生物氧化反应速度有很大影响,一般以(   )为标准。

(A)常温   (B)10℃   (C)30℃   (D)20℃

79. 生化需氧量反应是单分子反应,呈一级反应,反应速度与测定当时存在的有机物数量成(   )。

(A)反比　　　　　　(B)相等　　　　　　(C)正比　　　　　　(D)无关

80. 取水样的基本要求是水样要(　　)。

(A)定数量　　　　　(B)定方法　　　　　(C)按比例　　　　　(D)具代表性

81. 污水的生物处理,按作用的微生物分为(　　)。

(A)好氧氧化　　　　　　　　　　　　　(B)厌氧还原

(C)好氧还原　　　　　　　　　　　　　(D)好氧氧化、厌氧还原

82. 污水灌溉是与(　　)相近的自然污水处理法。

(A)生物膜法　　　　(B)活性污泥法　　　(C)化学法　　　　　(D)生物法

83. 厌氧消化后的污泥含水率(　　),还需进行脱水,干化等处理,否则不易长途输送和使用。

(A)60%　　　　　　(B)80%　　　　　　(C)很高　　　　　　(D)很低

84. 圆形断面栅条的水力条件好,水流阻力小,但刚度较差,一般采用断面为(　　)的栅条。

(A)带半圆的矩形　　　　　　　　　　　(B)矩形

(C)正方形　　　　　　　　　　　　　　(D)带半圆的正方形

85. 活性污泥在二次沉淀池的后期沉淀是属于(　　)。

(A)集团沉淀　　　　(B)压缩沉淀　　　　(C)絮凝沉淀　　　　(D)自由沉淀

86. 沉速与颗粒直径(　　)成比例,加大颗粒的粒径是有助于提高沉淀效率的。

(A)大小　　　　　　(B)立方　　　　　　(C)平方　　　　　　(D)不能

87. 沉砂池的工作是以重力分离为基础,将沉砂池内的污水流速控制到只能使(　　)大的无机颗粒沉淀的程度。

(A)重量　　　　　　(B)相对密度　　　　(C)体积　　　　　　(D)颗粒直径

88. 活性污泥在组成和净化功能上的中心,微生物中最主要的成分是(　　)。

(A)细菌　　　　　　(B)真菌　　　　　　(C)原生动物　　　　(D)后生动物

89. 计量曝气池中活性污泥数量多少的指标是(　　)。

(A)SV%　　　　　　(B)SVI　　　　　　(C)MLVSS　　　　　(D)MLSS

90. SVI值的大小主要决定于构成活性污泥的(　　),并受污水性质与处理条件的影响。

(A)真菌　　　　　　(B)细菌　　　　　　(C)后生动物　　　　(D)原生动物

91. 在活性污泥系统中,由于(　　)的不同,有机物降解速率,污泥增长速率和氧的利用速率都各不相同。

(A)菌种　　　　　　(B)污泥负荷率　　　(C)$F:M$　　　　　(D)有机物浓度

92. 活性污泥法是需氧的好氧过程,氧的需要是(　　)的函数。

(A)微生物代谢　　　(B)细菌繁殖　　　　(C)微生物数量　　　(D)原生动物

93. 对于好氧生物处理,当pH值(　　)时,真菌开始与细菌竞争。

(A)大于9.0　　(B)小于6.5　　(C)小于9.0　　(D)大于6.5

94. 在微生物酶系统不受变性影响的温度范围内,水温上升就会使微生物活动旺盛,就能(　　)反映速度。

(A)不变　　　　　　(B)降低　　　　　　(C)无关　　　　　　(D)提高

95. 在污泥负荷率变化不大的情况下,容积负荷率可成倍增加,节省建筑费用的

是( )。

(A)阶段曝气法 (B)渐减曝气法 (C)生物吸附法 (D)延时曝气法

96. 氧的最大转移率发生在混合液中氧的浓度为( )时,具有最大的推动力。

(A)最大 (B)零 (C)4 mg/L (D)最小

97. 鼓风曝气的气泡尺寸( )时,气液之间的接触面积增大,因而有利于氧的转移。

(A)减小 (B)增大 (C)2 mm (D)4 mm

98. 溶解氧饱和度除受水质的影响外,还随水温而变,水温上升,DO 饱和度则( )。

(A)增大 (B)下降 (C)2 mg/L (D)4 mg/L

99. 曝气池混合液中的污泥来自回流污泥,混合液的污泥浓度( )回流污泥浓度。

(A)等于 (B)高于 (C)不可能高于 (D)基本相同于

100. 活性污泥培训成熟后,可开始试运行,试运行的目的是为了确定( )运行条件。

(A)空气量 (B)污水注入方式 (C)MLSS (D)最佳

101. 鼓风曝气和机械曝气联合使用的曝气沉淀池,其叶轮靠近( ),叶轮下有空气扩散装置供给空气。

(A)池底 (B)池中 (C)池表面 (D)离池表面 1 m 处

102. 曝气氧化塘的 BOD 负荷( ),停留时间较短。

(A)较低 (B)较高 (C)一般 (D)中间

103. 对同一种污水,生物转盘和盘片面积不变,将转盘分为多级半联运行,能提高出水水质和水中( )含量。

(A)MLSS (B)pH 值 (C)SS (D)DO

104. 生物滤池法的池内,外温差与空气流速( )。

(A)成正比 (B)成反比 (C)相等 (D)无关

105. 完全混合法的主要缺点是连续进出水,可能产生( ),出水水质不及传统法理想。

(A)湍流 (B)短流 (C)股流 (D)异流

106. 在单相桥式整流电路中,若有一只二极管脱焊断路,则( )。

(A)电源短路 (B)电源断路

(C)电路变为半波整流 (D)对电路没有影响

107. 将电能变换成其他能量的电路组成部分称为( )。

(A)电源 (B)开关 (C)导线 (D)负载

108. 台虎钳不使用时,钳口不能夹紧,应留有( )mm 的间隙。

(A)1～2 (B)0.5～1 (C)3～5 (D)10

109. 同一条螺旋线上相邻两牙之间的轴向距离叫( )。

(A)螺距 (B)导程 (C)牙距 (D)牙径

110. 安全带长度不能超过( )m。

(A)1 (B)2 (C)3 (D)5

111. 活性污泥主要由( )构成。

(A)原生动物 (B)厌氧微生物

(C)好氧微生物 (D)好氧微生物和厌氧微生物

112. 二级处理主要是去除废水中的( )。

(A)悬浮物　　　　　　(B)微生物　　　　　　(C)油类　　　　　　(D)有机物

113. 水泵在运行过程中,噪声低而振动较大,可能原因是(　　　)。

(A)轴弯曲　　　　　　(B)轴承损坏　　　　　　(C)负荷大　　　　　　(D)叶轮损坏

114. 高空作业指凡在坠落高度离基准面(　　　)m 以上的高处作业。

(A)1　　　　　　(B)1.5　　　　　　(C)2　　　　　　(D)2.5

115. 助凝剂与絮凝剂的添加浓度分别为(　　　)。

(A)1%和3%　　　　(B)3%和1%　　　　(C)2%和3%　　　　(D)3%和2%

116. 对污水中可沉悬浮物质常采用(　　　)来去除。

(A)格栅　　　　　　(B)沉砂池　　　　　　(C)调节池　　　　　　(D)沉淀池

117. 测定水中微量有机物和含量,通常用(　　　)指标来说明。

(A)BOD　　　　　　(B)COD　　　　　　(C)TOC　　　　　　(D)DO

118. 对污水中的无机的不溶解物质,常采用(　　　)来去除。

(A)格栅　　　　　　(B)沉砂池　　　　　　(C)调节池　　　　　　(D)沉淀池

119. 沉淀池的操作管理中主要工作为(　　　)。

(A)撇浮渣　　　　　　(B)取样　　　　　　(C)清洗　　　　　　(D)排泥

120. 辐流式沉淀池的排泥方式一般采用(　　　)。

(A)静水压力　　　　(B)自然排泥　　　　(C)泵抽样　　　　(D)机械排泥

121. 曝气供氧的目的是提供给微生物(　　　)的需要。

(A)分解无机物　　　　(B)分解有机物　　　　(C)呼吸作用　　　　(D)污泥浓度

122. 活性污泥处理污水起作用的主体是(　　　)。

(A)水质水量　　　　(B)微生物　　　　(C)溶解氧　　　　(D)污泥浓度

123. 集水井中的格栅一般采用(　　　)。

(A)格栅

(B)细格栅

(C)粗格栅

(D)一半粗,一半细的格栅

124. BOD_5 指标是反映污水中(　　　)污染物的浓度。

(A)无机物　　　　(B)有机物　　　　(C)固体物　　　　(D)胶体物

125. 通常 SVI 在(　　　)时,将引起活性污泥膨胀。

(A)100　　　　　　(B)200　　　　　　(C)300　　　　　　(D)400

126. 污泥指数的单位一般用(　　　)表示。

(A)mg/L　　　　　　(B)日　　　　　　(C)mL/g　　　　　　(D)s

127. 工业废水的治理通常用(　　　)法处理。

(A)物理法　　　　(B)生物法　　　　(C)化学法　　　　(D)特种法

128. 用高锰酸钾作氧化剂,测得的耗氧量简称为(　　　)。

(A)OC　　　　　　(B)COD　　　　　　(C)SS　　　　　　(D)DO

129. 水体如严重被污染,水中含有大量的有机污染物,DO 的含量为(　　　)。

(A)0.1　　　　　　(B)0.5　　　　　　(C)0.3　　　　　　(D)0

130. 氧化沟是与(　　　)相近的简易生物处理法。

(A)推流式法　　　　(B)完全混合式法　　　(C)活性污泥法　　　　(D)生物膜法

131. 液体的动力黏滞性系数与颗粒的沉淀呈(　　　)。

(A)反比关系　　　　(B)正比关系　　　　(C)相等关系　　　　(D)无关

132. 在集水井中有粗格栅,通常其间隙宽度为( )。

(A)10~15 mm　　(B)15~25 mm　　(C)25~50 mm　　(D)40~70 mm

133. 水泵的有效功率是指( )。

(A)电机的输出功率　　　　　　　　(B)电机的输入功率

(C)水泵输入功率　　　　　　　　　(D)水泵输出功率

134. 某些金属离子及其化合物能够为生物所吸收,并通过食物链逐渐( )而达到相当的程度。

(A)减少　　　　　　(B)增大　　　　　　(C)富集　　　　　　(D)吸收

135. 污水排入水体后,污染物质在水体中的扩散有分子扩散和紊流扩散两种,两者的作用是前者( )后者。

(A)大于　　　　　　(B)小于　　　　　　(C)相等　　　　　　(D)无法比较

136. 气泡与液体接触时间随水深( )而延长,并受气泡上升速度的影响。

(A)减小　　　　　　(B)加大　　　　　　(C)为 2 m　　　　　(D)1 m

137. 污水流量和水质变化的观测周期越长,调节池设计计算结果的准确性与可靠性( )。

(A)越高　　　　　　(B)越低　　　　　　(C)无法比较　　　　(D)零

138. 常用的游标卡尺属于( )。

(A)通用量具　　　　(B)专用量具　　　　(C)极限量具　　　　(D)标准量具

139. 取水样的基本要求是水样要( )。

(A)定数量　　　　　(B)定方法　　　　　(C)代表性　　　　　(D)按比例

140. 污水处理厂进水的水质在一年中,通常是( )。

(A)冬季浓,夏季淡　　　　　　　　(B)冬季浓,秋季淡

(C)春季浓,夏季淡　　　　　　　　(D)春季浓,秋季淡

141. 为了使沉砂池能正常进行运行,主要要求控制( )。

(A)悬浮颗粒尺寸　　　　　　　　　(B)曝气量

(C)污水流速　　　　　　　　　　　(D)细格栅的间隙宽度

142. 水中的溶解物越多,一般所含的( )也越多。

(A)盐类　　　　　　(B)酸类　　　　　　(C)碱类　　　　　　(D)有机物

143. 生化处理中,推流式曝气池的 MLSS 一般要求掌握在( )。

(A)2~3 g/L　　　　(B)4~6 g/L　　　　(C)3~5 g/L　　　　(D)6~8 g/L

144. A/O 法中的 A 段 DO 通常为( )。

(A)0　　　　　　　　(B)2　　　　　　　　(C)0.5　　　　　　　(D)4

145. 生物吸附法通常的回流比为( )。

(A)25　　　　　　　(B)50　　　　　　　(C)75　　　　　　　(D)50~100

146. 活性污泥法处理污水,曝气池中的微生物需要营养物比为( )。

(A)100∶1.8∶1.3　　　　　　　　(B)100∶10∶1

(C)100∶50∶10　　　　　　　　　(D)100∶5∶1

147. 二级处理的主要处理对象是处理( )有机污染物。

(A)悬浮状态   (B)胶体状态

(C)溶解状态   (D)胶体,溶解状态

148. 水样采集是要通过采集(   )的一部分来反映被采样体的整体全貌。

(A)很少   (B)较多   (C)有代表性   (D)数量一定

149. 瞬时样只能代表采样(   )的被采水的组成。

(A)数量和时间   (B)数量和地点   (C)时间和地点   (D)方法和地点

150. 曝气池有(   )两种类型。

(A)好氧和厌氧   (B)推流和完全混合式

(C)活性污泥和生物膜法   (D)多点投水法和生物吸附法

151. 二沉池的排泥方式应采用(   )。

(A)静水压力   (B)自然排泥   (C)间歇排泥   (D)连续排泥

152. 电路中任意两点电位的差值称为(   )。

(A)电动势   (B)电压   (C)电位   (D)电势

153. 变压器是传递(   )的电气设备。

(A)电压   (B)电流

(C)电压、电流和阻抗   (D)电能

154. 根据结构和作用原理不同,常见的叶片泵分离心泵、轴流泵和(   )三类。

(A)螺旋泵   (B)混流泵   (C)清水泵   (D)容积泵

155. M10 中 M 表示是(   )螺纹。

(A)普通   (B)梯形   (C)锯齿   (D)管

156. 排放水体是污水的自然归宿,水体对污水有一定的稀释与净化能力,排放水体也称为污水的(   )处理法。

(A)稀释   (B)沉淀   (C)生物   (D)好氧

157. 污水的物理处理法主要是利用物理作用分离污水中主要呈(   )污染物质。

(A)漂浮固体状态   (B)悬浮固体状态

(C)挥发性固体状态   (D)有机状态

158. 沉砂池的功能是从污水中分离(   )较大的无机颗粒。

(A)比重   (B)重量   (C)颗粒直径   (D)体积

159. NH_3-N 的采样应该用(   )。

(A)G 硬质玻璃瓶   (B)P 聚乙烯瓶

(C)G 硬质玻璃瓶或 P 聚乙烯瓶   (D)以上都不对

160. 显微镜的目镜是 16X,物镜是 10X,则放大倍数是(   )倍。

(A)16   (B)10   (C)100   (D)160

161. 利用污泥中固体与水之间的比重不同来实现的,适用于浓缩比重较大的污泥和沉渣的污泥浓缩方法是(   )。

(A)气浮浓缩   (B)重力浓缩   (C)离心机浓缩   (D)化学浓缩

162. 序批式活性污泥法的特点是(   )。

(A)生化反应分批进行   (B)有二沉池

(C)污泥产率高   (D)脱氮效果差

163. 氧化沟运行的特点是( )。
(A)运行负荷高
(B)具有反硝化脱氮功能
(C)处理量小
(D)污泥产率高

164. 兼氧水解池的作用是( )。
(A)水解作用 (B)酸化作用 (C)水解酸化作用 (D)产气作用

165. 后生动物在活性污泥中出现,说明( )。
(A)污水净化作用不明显
(B)水处理效果较好
(C)水处理效果不好
(D)大量出现,水处理效果更好

三、多项选择题

1. 按操作温度不同,污泥厌氧消化包括( )。
(A)低温消化 (B)中温消化 (C)高温消化 (D)恒温消化

2. 下列有关污泥厌氧消化池的基本要求,说法正确的是( )。
(A)一级消化池的液位高度必须能满足污泥自流到二级消化池的需要
(B)大型消化池集气罩的直径和高度最好分别大于 5 m 和 3 m
(C)池四周壁和顶盖必须采取保暖措施
(D)一级消化池和二级消化池的停留时间之比可以是 4∶1

3. 下列不属于影响污泥厌氧消化的因素是( )。
(A)温度 (B)pH 值 (C)色度 (D)有毒物质

4. 引起富营养化的物质是( )。
(A)硫化物 (B)氮 (C)磷 (D)有机物

5. 下列生物处理工艺,属于生物膜法的是( )。
(A)生物转盘 (B)曝气生物滤池 (C)氧化沟 (D)生物流化床

6. 活性污泥处理系统中的指示性生物指的是( )。
(A)后生动物 (B)藻类 (C)真菌 (D)原生动物

7. 废水的混凝沉淀主要是为了( )。
(A)调节 pH 值
(B)去除胶体物质
(C)去除细微悬浮物
(D)去除多种较大颗粒的悬浮物,使水变清

8. 以下哪些项是选择生物膜填料的要求( )。
(A)使用寿命
(B)价格因素
(C)与污水的性质及浓度是否匹配
(D)材料的颜色

9. 下列关于格栅设置位置的说法中不正确的是( )。
(A)沉砂池出口处
(B)泵房集水井的进口处
(C)曝气池的进口处
(D)泵房的出口处

10. 生物处理方法的主要目的是去除水中的( )。
(A)悬浮状态的固体污染物质
(B)胶体状态的有机污染物质
(C)溶解状态的有机污染物质
(D)所有的污染物质

11. 关于曝气池的维护管理,下列说法正确的是( )。
(A)应调节各池进水量,使各池均匀配水

(B)当曝气池水温低时,应适当减短曝气时间

(C)应通过调整污泥负荷、污泥龄等方式控制其运行方式

(D)合建式的完全混合式曝气池的回流量,可通过调节回流闸进行调节

12. 下列属于生物接触氧化法特征的是(   )。

(A)抗冲击能力强   (B)剩余污泥量少

(C)生物膜易脱落,造成堵塞   (D)用污泥回流来保证系统中的生物量

13. 下列试剂属于常用的混凝剂的是(   )。

(A)三氯化铁   (B)聚合氯化铝

(C)聚丙烯酰胺   (D)氢氧化钠

14. 下列关于电解法处理污水错误的描述是(   )。

(A)电解法是在直流电场作用下,利用电极上产生的氧化还原反应,去除水中污染物的
方法

(B)用于进行电解的装置叫电解槽

(C)电解法是在交流电场作用下,利用电极上产生的交替的氧化和还原作用,使污染物得
到去除

(D)电解装置阳极与电源的负极相联,阴极与电极的正极相联

15. 要使气浮过程有效地去除废水中污染物,必须具备的条件是(   )。

(A)有足够的溶解空气量   (B)形成微小气泡

(C)有足够的停留时间   (D)被去除污染物比水重

16. 对于电渗析处理方法下列正确的说法是(   )。

(A)电渗析是在电场的作用下,利用阴、阳离子交换膜对溶液中的阴、阳离子选择透过性,
使溶质与水进行分离的一种物理化学过程

(B)对处理的水不需要进行预处理,不需要进行软化、不需去除钙、镁等离子

(C)在电子工业中用于给水处理和循环水处理

(D)适用于超纯水的制备

17. 下列不是紫外线消毒方法特点的是(   )。

(A)消毒速度慢,效率低

(B)操作简单、成本低廉,但是易产生致癌物质

(C)能穿透细胞壁与细胞质发生反应而达到消毒的目的

(D)不影响水的物理性质和化学性质,不增加水的臭味

18. 关于 UASB 进水配水系统描述错误的是(   )。

(A)进水必须在反应器顶部,均匀分配,确保各单位面积的进水量基本相同

(B)应防止短路和表面负荷不均匀的现象发生

(C)应防止具有生物活性的厌氧污泥流失

(D)在满足污泥床水力搅拌的同时,应充分考虑水力搅拌和反映过程产生的沼气搅拌

19. 厌氧活性污泥培养的主要目标是厌氧消化所需要的(   )。

(A)乙酸菌   (B)甲烷菌   (C)酵母菌   (D)产酸菌

20. 为了使沉淀污泥与水分离,在沉淀池底部应设置(   ),迅速排出沉淀污泥。

(A)排泥设备   (B)刮泥设备   (C)曝气装置   (D)排浮渣装置

21. 生物膜法的工艺类型很多,根据生物膜反应器附着生长载体的状态,生物膜反应器可以规划分为( )两大类。

(A)间歇式　　　　(B)分流式　　　　(C)固定床　　　　(D)流动床

22. 污泥的厌氧消化中,甲烷菌的培养与驯化方法主要有两种,即( )。

(A)间接培养　　　(B)接种培养　　　(C)逐步培养　　　(D)直接培养

23. 污泥处理的目标为( )。

(A)减量化　　　　(B)资源化　　　　(C)无害化　　　　(D)稳定化

24. 水质指标 BOD₅ 的测定条件是( )。

(A)20℃　　　　　(B)20 天　　　　　(C)25℃　　　　　(D)5 天

25. 生物处理法按照微生物生长方式可分为( )。

(A)营养生长　　　(B)悬浮生长　　　(C)固着生长　　　(D)分裂生长

26. 活性污泥法净化污水的过程包括( )。

(A)吸附　　　　　(B)代谢　　　　　(C)氧化　　　　　(D)固液分离

27. 下列属于活性污泥系统的是( )。

(A)初沉池　　　　(B)滤池　　　　　(C)曝气池　　　　(D)外回流

28. 下列有关活性污泥法有效运行的基本条件说法正确的是( )。

(A)曝气池中的混合液有一定量的溶解氧

(B)活性污泥在曝气池内呈沉淀状态

(C)污水中含有足够的胶体状和溶解性易生物降解的有机物

(D)污水中有毒有害物质的含量没有具体要求

29. 格栅按形状可分为( )。

(A)平面格栅　　　(B)曲面格栅　　　(C)凹面格栅　　　(D)球面格栅

30. 曲面格栅可以分为( )。

(A)移动曲面格栅　　　　　　　　　　(B)固定曲面格栅

(C)旋转鼓筒式格栅　　　　　　　　　(D)机械曲面格栅

31. 下列有关平流沉砂池的说法正确的是( )。

(A)截留无机颗粒效果差　　　　　　　(B)工作稳定

(C)构造简单　　　　　　　　　　　　(D)排沉砂比较麻烦

32. 下列有关平流沉砂池的设计参数问题,说法正确的有( )。

(A)平流沉砂池的设计参数是按照去除比重 2.65,粒径大于 0.2 mm 设计的

(B)当污水用水泵抽升入池时,按工作水泵的平均组合流量计算

(C)最大设计流量时,污水在池内的停留时间不少于 20 s

(D)当污水自流入池内时,应按照最大设计流量计算

33. 平流沉砂池的排砂装置包括( )。

(A)人工排砂　　　(B)重力排砂　　　(C)机械排砂　　　(D)重力机械排砂

34. 沉淀池按工艺布置的不同可分为( )。

(A)初次沉淀池　　(B)平流沉淀池　　(C)竖流沉淀池　　(D)二次沉淀池

35. 下列属于活性污泥的组成物质的是( )。

(A)具有代谢功能活性的生物群体

(B)微生物内源代谢、自身氧化的残留物

(C)由污水挟入的有机物

(D)由原污水挟入的难为细菌降解的惰性有机物质

36.活性污泥净化反应过程包括（   ）。

(A)活性污泥中微生物的增殖   (B)初期吸附去除

(C)微生物的代谢   (D)活性污泥再生

37.活性污泥初期吸附去除速度取决于（   ）。

(A)反应器内溶解氧的多少   (B)微生物的多少

(C)微生物的活性程度   (D)反应器内水力扩散程度与水力学的规律

38.影响微生物生理活动的因素包括（   ）。

(A)营养物质   (B)温度   (C)BOD   (D)COD

39.下列有关活性污泥处理系统能够达到的各项目标,说法正确的是（   ）。

(A)被处理的原污水的水质、水量得到控制,使其能够适应活性污泥处理系统

(B)在混合液中保持饱和溶解氧含量

(C)在曝气池内活性污泥、有机污染物、溶解氧三者能充分接触

(D)具有活性的活性污泥量相对稳定

40.下列有关 SVI 的说法正确的是（   ）。

(A)SVI 值过高,说明污泥的沉降性良好

(B)SVI 表示污泥容积指数

(C)SVI 值不能反应活性污泥的凝聚性

(D)SVI 值过低,说明泥粒细小,无机质含量高

41.下列关于传统活性污泥法处理系统说法正确的是（   ）。

(A)曝气池首段有机污染物负荷高

(B)对水质、水量变化的适应能力差

(C)耗氧速度沿池长不变

(D)曝气池容积小,占地面积小

42.下列关于阶段曝气活性污泥法系统说法正确的是（   ）。

(A)曝气池内有机污染物负荷及需氧率不平衡

(B)该曝气池的设计不利于二沉池的固液分离

(C)污水分散均衡注入,提高了曝气池对水质、水量冲击负荷的适应能力

(D)混合液中活性污泥浓度沿池长逐步降低

43.下列有关好氧塘说法正确的是（   ）。

(A)净化功能较高   (B)有机污染物降解速率高

(C)污水在塘内停留时间长   (D)占地面积小

44.根据有机物负荷率的高度好氧塘可分为（   ）。

(A)低负荷好氧塘   (B)高负荷好氧塘

(C)普通好氧塘   (D)深度处理好氧塘

45.下列关于高负荷好氧塘说法正确的是（   ）。

(A)高负荷好氧塘有机物负荷率高

(B)高负荷好氧塘仅适用于气候温暖、阳光充足的地区

(C)高负荷好氧塘污水停留时间长

(D)高负荷好氧塘塘水中藻类浓度低

46. 下列关于好氧塘的设计说法正确的是(　　　)。

(A)好氧塘只可以并联运行,不可以串联运行

(B)好氧塘可作为独立的污水处理技术,也可以作为深度处理技术

(C)好氧塘分格不宜少于两格

(D)好氧塘表面形状必须为矩形

47. 下列有关厌氧塘的注意事项说法正确的是(　　　)。

(A)厌氧塘上形成的浮渣层不需清理

(B)厌氧塘不可以代替初沉池

(C)厌氧塘必须做好防渗措施,以免大深度厌氧塘污染地下水

(D)厌氧塘应当远离住宅区,距离一般应在 500 m 以上

48. 下列有关厌氧塘的设计说法正确的是(　　　)。

(A)对于厌氧塘,采用 BOD 容积负荷率为宜

(B)对于厌氧塘,有机物厌氧降解速率不是停留时间的函数

(C)对于厌氧塘,有机物厌氧降解速率与塘面积关系很大

(D)厌氧塘为了维持其厌氧条件,应规定其最低容许 BOD 表面负荷率

49. 下列有关液氯消毒的说法正确的是(　　　)。

(A)效果可靠,投配设备简单　　　　　　(B)投量准确,价格便宜

(C)不适用于大、中型污水处理厂　　　　(D)氯化不会生成致癌物质

50. 下列有关臭氧消毒的说法正确的是(　　　)。

(A)投资小,成本低

(B)设备管理简单

(C)不产生难处理的或生物积累性残余物

(D)适用于出水水质较好,排入水体的卫生条件要求高的污水处理厂

51. 下列有关次氯酸钠消毒说法错误的是(　　　)。

(A)需要次氯酸钠投配设备　　　　　　(B)适用于大、中型污水厂

(C)不需要有次氯酸钠发生器　　　　　(D)使用方便,投量容易控制

52. 下列有关紫外线消毒的说法错误的是(　　　)。

(A)适用于大、中型水厂　　　　　　　(B)电能消耗量过多

(C)消毒效率低　　　　　　　　　　　(D)紫外线照射与氯化共同作用

53. 在二级处理水中,氮的存在形式包括(　　　)。

(A)游离氮　　　　　(B)氨态氮　　　　　(C)亚硝酸氮　　　　　(D)硝酸氮

54. 新树脂在使用前的处理方法包括(　　　)。

(A)用食盐水处理　　　　　　　　　　(B)用稀盐酸处理

(C)用稀硫酸处理　　　　　　　　　　(D)用浓氢氧化钠溶液处理

55. 下列属于活性炭加热再生步骤的有(　　　)。

(A)脱水　　　　　(B)反冲洗　　　　　(C)干燥　　　　　(D)炭化

56. 下列有关活性炭法运行管理的注意事项说法正确的是(　　)。
(A)选用活性炭时,不必考虑其机械强度
(B)必须保证活性炭吸附法进水水质不能超过设计值
(C)活性炭与普通碳钢接触不会发生电化学腐蚀
(D)与活性炭接触的部件要使用钢筋混凝土结构或不锈钢、塑料等材料

57. "复苏"被有机物污染的离子交换树脂的方法包括(　　)。
(A)碱性氯化钠复苏法　　　　　　　(B)有机溶剂复苏法
(C)表面活性剂复苏法　　　　　　　(D)氧化剂复苏法

58. 下列对于防止离子交换树脂有机物污染的说法正确的是(　　)。
(A)当水中有机物含量很大时,采用加氯处理可去除 90% 的有机物
(B)当水中悬浮状和胶体状有机物含量过多时,可采用混凝、澄清、过滤等
(C)对于剩余的有机物,可采用活性炭吸附剂去除
(D)最后残留的少量胶体有机物和部分溶解有机物可在除盐系统中采用小孔树脂予以
　　去除

59. 下列有关阳树脂污染原因说法错误的是(　　)。
(A)原水带油不会导致阳树脂污染
(B)顶压空气带油会导致阳树脂污染
(C)原水过滤残存的絮凝物、悬浮体、泥砂及微量有机物会导致阳树脂污染
(D)铜等金属离子氧化作用不会导致阳树脂污染

60. 阳树脂污染后的特征包括(　　)。
(A)树脂呈黄色　　　　　　　　　　(B)反洗时树脂损失量增大
(C)树脂工作交换容量上升　　　　　(D)制水周期缩短

61. 下列有关阴树脂污染原因说法正确的是(　　)。
(A)进水中含有各种大分子有机物　　(B)低分子量的有机物
(C)来自阳树脂的降解产物　　　　　(D)水中存在的细菌等微生物

62. 被污染的强碱阴树脂可出现的特征包括(　　)。
(A)树脂含水量增加
(B)工作交换容量上升
(C)外观颜色从开始的浅黄逐渐变成淡棕色、深棕色、棕褐色、黑褐色
(D)再生后的强碱阴树脂,其冲洗水量会明显增大

63. 下列有关离子交换再生剂的选择说法正确的是(　　)。
(A)再生剂是根据离子交换树脂的性能不同而有区分地选择
(B)强酸性阳树脂可用盐酸或硫酸等强酸,不宜采用硝酸
(C)弱酸性阳树脂可以采用盐酸、硫酸,但不能采用 NH_3
(D)弱碱性阴树脂可以用氢氧化钠或碳酸钠,但不能采用 NH_3

64. 下列属于阳离子交换树脂的再生剂的是(　　)。
(A)盐酸　　　　　(B)硝酸　　　　　(C)硫酸　　　　　(D)硼酸

65. 下列属于阴离子交换树脂的再生剂的是(　　)。
(A)硫化钠　　　　(B)氢氧化钠　　　(C)碳酸氢钠　　　(D)氯化钠

66. 硫化物沉淀法中常用的沉淀剂有(　　)。
(A)Na$_2$S　　　　(B)NaHS　　　　(C)K$_2$S　　　　(D)H$_2$S
67. 钡盐沉淀法中常用的沉淀剂有(　　)。
(A)碳酸钡　　(B)氯化钡　　(C)硫酸钡　　(D)氧化钡
68. 下列物质中可作为氧化剂的有(　　)。
(A)氯气　　(B)二价镁　　(C)二价铁　　(D)高锰酸钾
69. 下列物质中可作为还原剂的有(　　)。
(A)氧气　　(B)二氧化硫　　(C)二价铁　　(D)二氧化锰
70. 影响氧化还原反应进行的因素有(　　)。
(A)pH 值
(B)温度
(C)湿度
(D)氧化剂和还原剂浓度
71. 活性污泥中的原生动物的类群有(　　)。
(A)肉足类　　(B)鞭毛类　　(C)纤毛类　　(D)甲壳类
72. 细菌生长繁殖包括以下(　　)阶段。
(A)停滞期　　(B)对数期　　(C)静止期　　(D)衰亡期
73. 污水按其来源分为(　　)。
(A)生活污水　　(B)工业污水　　(C)城市污水　　(D)初期雨水
74. 污水按水中的主要污染成分可分为(　　)。
(A)有机污水　　(B)无机污水　　(C)综合污水　　(D)工业污水
75. 污水水质常用的指标有(　　)。
(A)工业指标　　(B)物理指标　　(C)化学指标　　(D)生物指标
76. 均质调节池的混合方式包括(　　)。
(A)手动搅拌　　(B)加药搅拌　　(C)机械搅拌　　(D)空气搅拌
77. 沉砂池的类型包括(　　)。
(A)平流式　　(B)竖流式　　(C)辐流式　　(D)网格式
78. 下列有关沉砂池的说法正确的是(　　)。
(A)沉砂池超高不宜小于 0.4 m
(B)沉砂池个数或分格数不应该少于 3 个
(C)沉砂池去除对象是密度为 2.65 kg/cm^3,粒径在 0.2 mm 以上的砂粒
(D)人工排砂管管直径大于 200 mm
79. 平流沉砂池的基本要求包括(　　)。
(A)池底坡度 0.01~0.02　　(B)每格宽度不小于 0.5 m
(C)有效水深一般为 0.25~0.5 m　　(D)最大流量时停留时间一般为 30~60 s
80. 影响污水生物处理的因素包括(　　)。
(A)负荷　　(B)温度　　(C)pH 值　　(D)色度
81. 活性污泥曝气方法包括(　　)。
(A)鼓风曝气　　(B)机械曝气　　(C)深井曝气　　(D)纯氧曝气
82. 根据混合液在曝气池内的流态,曝气池可分为(　　)。
(A)深井式　　(B)完全混合式　　(C)推流式　　(D)循环混合式

83. 根据曝气方式的不同,曝气池可分为(   )。
(A)鼓风曝气池   (B)机械曝气池
(C)机械-鼓风曝气池   (D)纯氧曝气

84. 控制曝气池活性污泥膨胀的措施有(   )。
(A)投加混凝剂   (B)投加氧化剂   (C)投加消毒剂   (D)通入溶解氧

85. 污泥回流系统的控制方式有(   )。
(A)保持回流量恒定   (B)保持回流比不变
(C)保持剩余污泥排放量恒定   (D)剩余污泥排放量随时改变

86. 影响平流式沉淀池沉淀效果的因素有(   )。
(A)水流状况   (B)沉淀池分格数   (C)药剂投加量   (D)凝聚作用

87. 二沉池常规检测项目有(   )。
(A)悬浮物   (B)色度   (C)溶解氧   (D)COD

88. 二沉池出水 BOD 和 COD 突然升高的原因有(   )。
(A)水温突然升高   (B)污水水量突然增大
(C)曝气池管理不善   (D)二沉池管理不善

89. 影响硝化过程的因素有(   )。
(A)污泥沉降比   (B)温度   (C)pH 值和碱度   (D)溶解氧

90. 影响反硝化过程的因素有(   )。
(A)碳源有机物   (B)碳氮比   (C)污泥龄   (D)碱度

91. 下列(   )处理属于污水三级处理。
(A)除油   (B)厌氧处理   (C)离子交换   (D)电渗析

92. 下列关于混凝的说法正确的是(   )。
(A)混凝工艺一般有药剂配置投加、混合、反应三个环节
(B)混凝工艺具有对悬浮颗粒、胶体颗粒、疏水性污染物的去除效果良好
(C)混凝工艺对亲水性溶解性污染物的絮凝效果不好
(D)混凝工艺不适用于城市污水处理

93. 混凝剂的投配系统包括(   )等单元。
(A)药剂的储运   (B)药剂的调制   (C)药剂的混合   (D)药剂的投加

94. 混凝剂的投加方式包括(   )。
(A)重力投加   (B)压力投加   (C)管道投加   (D)水泵投加

95. 混凝剂的混合方式包括(   )。
(A)自然混合   (B)水泵混合
(C)管式混合器混合   (D)机械混合

96. 下列关于涡凹气浮说法正确的是(   )。
(A)涡凹气浮结构复杂,占地面积大
(B)涡凹气浮系统由曝气装置、刮渣装置和排渣装置组成
(C)涡凹气浮主要用于去除工业或城市污水中的油脂、胶状物及固体悬浮物
(D)涡凹气浮又称为旋切气浮

97. 下列关于溶气泵气浮的说法正确的是(   )。

(A)溶气泵气浮产生气泡小,能耗低

(B)溶气泵气浮设备包括絮凝室、接触室、分离室、刮渣装置、溶气泵、释放管

(C)溶气泵气浮产生气泡直径一般在 $40\sim80\ \mu m$

(D)容器泵气浮附属设备多

98. 气浮池的形式有(　　　)。

(A)平流式　　　　(B)竖流式　　　　(C)辐流式　　　　(D)综合式

99. 下列有关气浮刮渣机的说法正确的是(　　　)。

(A)尺寸较大的矩形气浮池通常采用链条刮渣机

(B)尺寸较大的矩形气浮池通常采用桥式刮渣机

(C)圆形气浮池采用行星式刮渣机

(D)刮渣机的行进速度要控制在 $100\sim200\ mm/s$

100. 污水处理系统中常用的滤池形式有(　　　)。

(A)纤维素滤池　　(B)单层滤料滤池　　(C)双层滤料滤池　　(D)三层滤料滤池

101. 按膜元件结构型式分,膜生物反应器的类型有(　　　)。

(A)螺旋式型　　　(B)中空纤维型　　　(C)平板型　　　　(D)管式型

102. 影响膜过滤的因素包括(　　　)。

(A)过滤温度　　　(B)pH 值　　　　　(C)过滤压力　　　(D)进水量

103. 下列属于膜过滤工艺的有(　　　)。

(A)微滤　　　　　(B)超滤　　　　　(C)纳滤　　　　　(D)反渗透

104. 膜的清洗方法有(　　　)。

(A)水冲洗　　　　(B)酸碱清洗　　　(C)酶清洗　　　　(D)气洗

105. 影响反渗透运行参数的主要因素包括(　　　)。

(A)进水水质　　　(B)进水流速　　　(C)压力　　　　　(D)温度

106. 活性炭吸附设备形式包括(　　　)。

(A)固定床　　　　(B)移动床　　　　(C)流化床　　　　(D)自动床

107. 常用的活性炭再生方法有(　　　)。

(A)反冲洗再生　　(B)化学洗涤再生　(C)微波再生　　　(D)化学氧化再生

108. 下列关于活性炭法运行管理的说法正确的是(　　　)。

(A)在选用活性炭时,必须综合考虑吸附性能、机械强度、价格和再生性能

(B)活性炭表面多呈酸性

(C)在使用粉末活性炭时,所有作业都必须考虑防火防爆

(D)活性炭法对水质没有要求

109. 离子交换法常用的设施包括(　　　)。

(A)预处理设施　　(B)离子交换设施　(C)树脂再生设施　(D)电控仪表

110. 描述污泥特性的指标包括(　　　)。

(A)污泥干重　　　(B)微生物　　　　(C)有毒物质　　　(D)污泥沉降比

111. 污泥中的水分类型包括(　　　)。

(A)自由水　　　　(B)重力水　　　　(C)间隙水　　　　(D)毛细水

112. 常用的污泥浓缩方法有(　　　)。

(A)重力浓缩法   (B)气浮浓缩法   (C)离心浓缩法   (D)机械浓缩法

113. 以下关于污泥浓缩的叙述正确的是( )。

(A)重力浓缩法占地面积小,浓缩效果好

(B)气浮浓缩法主要用于难以浓缩的剩余活性污泥

(C)重力浓缩法贮泥能力强,动力消耗小

(D)气浮浓缩法占地面积小,浓缩后污泥含水率低

114. 判断污泥浓缩效果的指标有( )。

(A)浓缩比   (B)固体回收率   (C)分离率   (D)脱水率

115. 影响离心泵性能的因素包括( )。

(A)泵的结构和尺寸   (B)泵的转速

(C)运行温度   (D)运行时间

116. 以下( )是泵的性能参数。

(A)流量   (B)扬程   (C)功率   (D)转速

117. 细菌按形状分为( )三类。

(A)球菌   (B)杆菌   (C)螺旋菌   (D)放线菌

118. 下列说法正确的是( )。

(A)微生物形体微小、结构简单、肉眼可见

(B)微生物有分布广、种类繁多等特点

(C)微生物必须通过电子显微镜或光学显微镜才能观察到

(D)细菌不属于微生物

119. 原生动物的营养类型有( )。

(A)厌氧性   (B)全动性   (C)植物性   (D)腐生性

120. 以下( )属于污水的物理指标。

(A)碱度   (B)浊度   (C)温度   (D)酸度

121. 以下( )属于污水的化学指标。

(A)固体物质   (B)电导率   (C)化学需氧量   (D)溶解氧

122. 以下( )属于污水的生物指标。

(A)大肠菌群数   (B)臭味   (C)pH 值   (D)细菌总数

123. 下列( )属于污水中的有机污染物。

(A)化学需氧量   (B)溶解性杂质   (C)总有机碳   (D)生化需氧量

124. 均质调节池的类型包括( )。

(A)间歇式均化池   (B)均量池   (C)均质池   (D)事故调节池

125. 活性污泥性能指标包括( )。

(A)污泥龄   (B)污泥容积指数   (C)污泥体积   (D)污泥沉降比

126. 活性污泥净化污水的过程包括( )。

(A)过滤、消毒过程   (B)絮凝、吸附过程

(C)分解、氧化过程   (D)沉淀、浓缩过程

127. 常用的培养活性污泥的方法包括( )。

(A)自然培养   (B)连种培养   (C)培养基培养   (D)生物培养

128. 驯化活性污泥的方法包括(　　)。
(A)同步驯化　　(B)人工驯化　　(C)药剂驯化　　(D)接种驯化

129. 下列关于活性污泥法有效运行的基本条件叙述正确的是(　　)。
(A)污水中含有足够的胶体状和溶解性易生物降解的有机物
(B)曝气池中的混合液有一定量的溶解氧
(C)活性污泥在曝气池中呈漂浮状态
(D)污水中有毒有害物质的含量在一定浓度范围内

130. 曝气池出现生物泡沫的影响因素有(　　)。
(A)污泥体积　　(B)曝气时间　　(C)污泥停留时间　　(D)曝气方式

131. 沉淀池按水流方向划分类型有(　　)。
(A)平流式　　(B)辐流式　　(C)截留式　　(D)竖流式

132. 下列关于平流式沉淀池说法正确的是(　　)。
(A)造价高　　(B)施工困难
(C)沉淀效果好　　(D)池子配水不易均匀

133. 下列关于竖流式沉淀池说法错误的是(　　)。
(A)排泥困难　　(B)占地面积小　　(C)池子深度小　　(D)造价高

134. 下流关于辐流式沉淀池说法正确的是(　　)。
(A)多为重力排泥　　(B)设用于地下水位较高地区
(C)管理较为复杂　　(D)设用于大、中型污水处理

135. 影响生物除磷效果的因素有(　　)。
(A)溶解氧　　(B)温度　　(C)污泥沉降比　　(D)pH 值

136. 生物膜法在污水处理方面的优势有(　　)。
(A)对水质和水量有较强的适应性　　(B)沉降性能好
(C)适合处理低浓度污水　　(D)容易运行与维护

137. 下列关于曝气生物滤池说法正确的是(　　)。
(A)曝气生物滤池最简单的曝气装置为穿孔曝气管
(B)曝气生物滤池的布置气系统不包括气水联合反冲洗式的供气系统
(C)曝气生物滤池对滤料的要求是兼有较小的比表面积和孔隙率
(D)曝气生物滤池的进水配水设施没有一般滤池那么讲究

138. 污水厌氧生物处理阶段包括(　　)。
(A)氧化阶段　　(B)水解发酵阶段
(C)产氢产乙酸阶段　　(D)还原阶段

139. 厌氧生物处理的影响因素有(　　)。
(A)浊度　　(B)色度　　(C)温度　　(D)有机负荷

140. 常用的反应池类型包括(　　)。
(A)隔板反应池　　(B)机械搅拌反应池
(C)折板反应池　　(D)组合式反应池

141. 下列关于反应池叙述正确的是(　　)。
(A)隔板反应池构造复杂

(B)隔板反应池反应时间长,水量变化大时效果不稳定

(C)机械搅拌反应池能耗较大

(D)折板反应池安装、维护简单

142. 下列有关混凝处理系统的运行管理叙述正确的是(   )。

(A)定期进水水质的分析化验,定期进行烧杯搅拌实验

(B)保持投加混凝剂的量不变

(C)巡检时只需记录反应池内矾花大小

(D)定期清除反应池内污泥

143. 下列关于直接过滤说法正确的是(   )。

(A)原水浊度较低,色度不高,水质稳定,可采用直接过滤

(B)滤料采用双层、三层或均质滤料

(C)不需要添加高分子助凝剂

(D)滤速根据原水水质决定,一般在 10 m/s 左右

144. 下列关于气浮法水处理方面的应用说法正确的是(   )。

(A)不适用于石油、化工及机械制造业中含油污水的处理

(B)适用于处理电镀污水和含重金属离子的污水

(C)适用于水厂改造

(D)取代二次沉淀池,但不适用于产生活性污泥膨胀的情况

145. 滤池反冲洗的作用有(   )。

(A)反冲洗使滤池恢复工作性能,继续工作   (B)反冲洗能恢复滤料层的纳污能力

(C)反冲洗可以避免有机物腐败   (D)反冲洗能加强滤池过滤效果

146. 滤池反冲洗的方法有(   )。

(A)用水进行反冲洗   (B)用水反冲洗辅助以空气擦洗

(C)用空气进行擦洗   (D)用气-水联合冲洗

147. 下列关于过滤运行管理注意事项,说法正确的是(   )。

(A)在滤速一定的条件下,过滤周期的长短基本不受水温影响

(B)在滤料层一定的条件下,反冲洗强度和历时不受原水水质影响

(C)一般在滤料粒径和级配一定时,最佳滤速与待处理水的水质有关

(D)过滤运行周期的确定一般有三种方法

148. 滤池辅助反冲洗的方式有(   )。

(A)人工辅助清洗   (B)表面辅助冲洗

(C)空气辅助清洗   (D)机械翻动辅助清洗

149. 过滤出水水质下降的原因包括(   )。

(A)滤料级配不合理   (B)滤速过大

(C)反冲洗时间短   (D)配水不均匀

150. 反渗透装置类型包括(   )。

(A)管式   (B)平板式   (C)中空纤维式   (D)螺旋式

151. 反渗透工艺流程形式包括(   )。

(A)连续法   (B)一级一段法   (C)一级多段法   (D)间歇式法

152. 超滤膜污染的防治措施包括(　　)。

(A)降低料液流速 　　　　　　　　(B)改变膜结构和组件结构

(C)增加料液黏度 　　　　　　　　(D)采用亲水性超滤膜

153. 活性炭吸附方式包括(　　)。

(A)静态吸附　　　(B)连续吸附　　　(C)动态吸附　　　(D)间歇吸附

154. 活性炭在污水处理系统中的作用包括(　　)。

(A)除盐 　　　　　　　　　　　　(B)去除臭味

(C)吸附有毒有害物质 　　　　　　(D)去除重金属

155. 离子交换法运行管理注意事项包括(　　)。

(A)悬浮物和油脂　　(B)有机物　　　(C)pH 值　　　(D)碱度

156. 污泥的处理工艺包括(　　)。

(A)污泥浓缩 　　　　　　　　　　(B)污泥消化

(C)污泥脱水 　　　　　　　　　　(D)污泥干化、焚烧

157. 按污水的处理方法或污泥从污水中分离的过程,可将污泥分为(　　)。

(A)剩余活性污泥　　(B)初沉污泥　　(C)腐殖污泥　　　(D)化学污泥

158. 按污泥的不同产生阶段,可将污泥分为五类,下列选项中属于这五类的是(　　)。

(A)化学污泥　　　(B)生污泥　　　(C)干燥污泥　　　(D)初沉污泥

159. 污泥处理与处置的目的包括(　　)。

(A)减量化　　　　(B)节能化　　　(C)安全化　　　　(D)稳定化

160. 下列关于重力浓缩池运行管理注意事项说法正确的是(　　)。

(A)定期分析测定浓缩池的进泥量、排泥量、溢流上清液的 SS

(B)浓缩池长时间没排泥,若想开启污泥浓缩与刮泥设备,须先清理沉泥

(C)如果入流污泥包含初沉池污泥与二沉池污泥,不必混合均匀

(D)定期将浓缩池排空检查,清理池底的积砂和沉泥

161. 以下关于气浮浓缩法说法正确的是(　　)。

(A)气浮浓缩法是依靠大量微小气泡附着于悬浮污泥颗粒上,减小污泥颗粒的密度而上
　　浮,实现污泥颗粒与水的分离的

(B)与重力浓缩法相比,气浮浓缩法的浓缩效果显著

(C)气浮浓缩法不适用于污泥悬浮液很难沉降的情况

(D)气浮浓缩法一般水力停留时间为 3 h

162. 污泥离心浓缩法的指标包括(　　)。

(A)浓缩比　　　　(B)分离率　　　(C)出泥含固率　　(D)固体回收率

163. 污泥消化可采用的工艺有(　　)。

(A)生物处理工艺　　(B)好氧处理工艺　(C)厌氧处理工艺　(D)兼性处理工艺

164. 污泥消化中好氧消化包括(　　)。

(A)普通好氧消化　　(B)高温好氧消化　(C)生物好氧消化　(D)阶段好氧消化

四、判 断 题

1. 曝气池供氧的目的是提供给微生物分解无机物的需要。(　　)

2. 用微生物处理污水是最经济的。（　　　）

3. 生化需氧量主要测定水中微量的有机物量。（　　　）

4. MLSS＝MLVSS－灰分。（　　　）

5. 生物处理法按在有氧的环境下可分为推流式和完全混合式两种方法。（　　　）

6. 良好的活性污泥和充足的氧气是活性污泥法正常运行的必要条件。（　　　）

7. 按污水在池中的流型和混合特征,活性污泥法处理污水,一般可分为普通曝气法和生物吸附法两种。（　　　）

8. 好氧生物处理中,微生物都是呈悬浮状态来进行吸附分解氧化污水中的有机物。（　　　）

9. 多点进水法可以提高空气的利用效率和曝气池的工作能力。（　　　）

10. 水体中溶解氧的含量是分析水体自净能力的主要指标。（　　　）

11. 有机污染物质在水体中的稀释、扩散,不仅可降低它们在水中的浓度,而且还可被去除。（　　　）

12. 水体自净的计算,一般是以夏季水体中溶解氧小于 4 mg/L 为根据的。（　　　）

13. 由于胶体颗粒的带电性,当它们互相靠近时就产生排斥力,所以不能聚合。（　　　）

14. 化学需氧量测定可将大部分有机物氧化,而且也包括消化所需氧量。（　　　）

15. 生物氧化反应速度决定于微生物的含量。（　　　）

16. 初次沉淀池的作用主要是降低曝气池进水的悬浮物和生化需氧量的浓度,从而降低处理成本。（　　　）

17. 二次沉淀池用来去除生物反应器出水中的生物细胞等物质。（　　　）

18. 胶体颗粒不断地保持分散的悬浮状态的特性称胶体的稳定性。（　　　）

19. 在理想的推流式曝气池中,进口处各层水流不会依次流入出口处,要互相干扰。（　　　）

20. 推流式曝气池中,池内各点水质较均匀,微生物群的性质和数量基本上也到处相同。（　　　）

21. 活性污泥法净化废水主要通过吸附阶段来完成的。（　　　）

22. 曝气系统必须要有足够的供氧能力才能保持较高的污泥浓度。（　　　）

23. 菌胶团多,说明污泥吸附、氧化有机物的能力不好。（　　　）

24. 废水中有机物在各时刻的耗氧速度和该时刻的生化需氧量成反比。（　　　）

25. 污水处理厂设置调节池的目的主要是调节污水中的水量和水质。（　　　）

26. 凝聚是指胶体被压缩双电层而脱稳的过程。（　　　）

27. 水力学原理中的两层水流间的摩擦力和水层接触面积成正比。（　　　）

28. 污泥浓度是指曝气池中单位体积混合液所含挥发性悬浮固体的重量。（　　　）

29. 化学需氧量测定可将大部分有机物氧化,其中不包括水中所存在的无机性还原物质。（　　　）

30. 水中的溶解物越多,一般所含的盐类就越多。（　　　）

31. 一般活性污泥是具有很强的吸附和氧化分解无机物的能力。（　　　）

32. 硝化作用是指硝酸盐经硝化细菌还原成氨和氮的作用。（　　　）

33. 污泥负荷、容积负荷是概述活性污泥系统中生化过程基本特征的理想参数。（　　　）

34. 单纯的稀释过程并不能除去污染物质。（　　　）

35. 通常能起凝聚作用的药剂称为混凝剂。（   ）

36. 沉淀设备中,悬浮物的去除率是衡量沉淀效果的重要指标。（   ）

37. 水体自身也有去除某些污染物质的能力。（   ）

38. 截流式合流制下水道系统是在原系统的排水末端横向铺设干管,并设溢流井。（   ）

39. 工业废水不易通过某种通用技术或工艺来治理。（   ）

40. 沼气一般由甲烷、二氧化碳和其他微量气体组成。（   ）

41. 污水处理厂的管理制度中最主要的是安全操作制。（   ）

42. SVI值越小,沉降性能越好,则吸附性能也越好。（   ）

43. 在沉淀池运行中,为保证层流流态,防止短流,进出水一般都采取整流措施。（   ）

44. 污泥龄是指活性污泥在整个系统内的平均停留时间。（   ）

45. 悬浮物和水之间有一种清晰的界面,这种沉淀类型称为絮凝沉淀。（   ）

46. 把应作星形连接的电动机接成三角形,电动机不会烧毁。（   ）

47. 在电磁感应中,如果有感生电流产生,就一定有感生电动势。（   ）

48. 用交流电压表测得交流电压是 220 V,则此交流电压最大值为 220 V。（   ）

49. 电流与磁场的方向关系可用右手螺旋法则来判断。（   ）

50. 纯电容在交流电路中的相位关系是电压超前电流 $90°$ 电角度。（   ）

51. 只要人体不接触带电体就不会触电。（   ）

52. 在电磁感应中只要有感生电动势产生就一定有感生电流产生。（   ）

53. 用支路电流法求解电路时,若 M 个节点就必须列出 M 个节点方程。（   ）

54. 中小型异步电动机转子与定子间的空隙一般为 $0.2 \sim 1$ mm。（   ）

55. 让一段直导线通入直流电流 J 后,再把该导线绕成一个螺线管,则电流变大。（   ）

56. 晶体二极管的导通电压为 0.7 V。（   ）

57. 单相桥式整流电路属于单相全波整流。（   ）

58. 所有电动机的制动都具有断电自动制动的功能。（   ）

59. 油浸式变压器中的油能使变压器绝缘。（   ）

60. 单相异步电动机定子工作绕组只能产生脉动磁场,故不能自行启动。（   ）

61. 泵体内流道光滑与粗糙,同水流流动阻力大小无关。（   ）

62. 用游标卡尺测量工件,第一步先要校正零位。（   ）

63. 安装弹性联轴器,两串联轴节端面应用 $3 \sim 10$ mm 间隙。（   ）

64. 形位公差中"@"表示圆度,"⊥"表示垂直度。（   ）

65. 充满液体的圆管内,其水力半径是直径的四分之一。（   ）

66. 离心泵是靠离心力来工作的,启动前泵内充满液体是它的必要条件。（   ）

67. 使用钻床不准戴手套,不可用手锤敲击钻夹头。（   ）

68. 刚性联轴器两串联轴节之间应有适当的间隙。（   ）

69. 离心泵的比转数比轴流泵比转数要小。（   ）

70. 区别叶片泵在结构上是立式还是卧式,主要根据泵轴对地面的位置。（   ）

71. 表面粗糙度数值越小,则表面加工要求越高。（   ）

72. 水泵串联工作,流量增加,扬程不变。（   ）

73. 当沉淀池容积一定时,装了斜板后,表面积越大,池深就越浅,其分离效果就越好。（　　　）

74. 负荷是影响滤池降解功能的首要因素,是生物滤池设计与运行的重要参数。（　　　）

75. 管道内壁越是粗糙,水流流动阻力越大。（　　　）

76. 能被微生物降解的有机物是水体中耗氧的主要物质。（　　　）

77. 现代的城市污水是工业废水与生活污水的混合液。（　　　）

78. 固体物质的组成包括有机性物质和无机性物质。（　　　）

79. 悬浮固体是通过过滤后截留下来的物质。（　　　）

80. 无机性物质形成的可沉物质称为污泥。（　　　）

81. 水温对生物氧化反应的速度影响不太大。（　　　）

82. 生化需氧量是表示污水被有机物污染程度的综合指标。（　　　）

83. 铬在水体中以六价和三价的形态存在,六价铬毒性弱,作为水污染物质所指的是三价铬。（　　　）

84. 酸性污水对污水的生物处理和水体自净有着不良的影响。（　　　）

85. 排放水体是污水自然归缩,水体对污水有一定的稀释与净化能力,排放水体也称为污水的稀释处理法。（　　　）

86. 有机污染物进入水体后,由于能源增加,势必使水中微生物得到增殖,从而少量地消耗水中的溶解氧。（　　　）

87. 在实际水体中,水体自净过程总是互相交织在一起的,并互为影响,互为制约的。（　　　）

88. 在耗氧和复氧的双重作用下,水中的溶解氧含量出现复杂的但却又是有规律的变化过程。（　　　）

89. 氧能溶解于水,但有一定的饱和度,一般是与水温成正比关系,与压力成反比关系。（　　　）

90. 最大缺氧点的位置和到达的时间,对水体的自净是一个非常重要的参数。（　　　）

91. 沉淀池内的进水区和出水区是工作区,是将可沉颗粒与污水分离的区域。（　　　）

92. 生物絮凝法能够较大地提高沉淀池的分离效果。（　　　）

93. 细菌是活性污泥在组成和净化功能上的中心,是微生物中最主要的成分。（　　　）

94. MLSS是计量曝气池中活性污泥数量多少的指标。（　　　）

95. 污泥沉降比不能用于控制剩余污泥的排放,只能反映污泥膨胀等异常情况。（　　　）

96. 污泥龄也就是新增长的污泥在曝气池中平均停留时间。（　　　）

97. 活性污泥絮凝体越小,与污水的接触面积越大,则所需的溶解氧浓度就大;反之就小。（　　　）

98. 水处理过程中水温上升是有利于混合、搅拌、沉淀等物理过程,但不利于氧的转移。（　　　）

99. 生物处理中如有有毒物质,则会抑制细菌的代谢进程。（　　　）

100. 渐减曝气是将空气量沿曝气池廊道的流向逐渐增大,使池中的氧均匀分布。（　　　）

101. 纯氧曝气是用氧气替空气,以提高混合液的溶解氧浓度。（　　　）

102. 污泥回流设备应按最大回流比设计,并具有按较小的几级回流比工作的可能

性。（　　）

103. 混合液浓度对上升流速影响较大,混合液浓度高,升流速则要大些;反之,则要小些。（　　）

104. 当活性污泥的培养和驯化结束后,还应进行以确定最佳条件为目的的试运行工作。（　　）

105. 反硝化作用一般在溶解氧低于 0.5 mg/L 时发生,并在试验室静沉 30～90 min 以后发生。（　　）

106. 功率小的用电器一定比功率大的用电器耗电少。（　　）

107. 耐压 300 V 的电容器可以在有效值为 220 V 的交流电压下安全工作。（　　）

108. 把应作 Y 形连接的电动机接成△形,电动机可能烧毁。（　　）

109. 熔断器中熔丝直径大,熔断电流一定大。（　　）

110. 通电线圈在磁场中的受力方向可用右手螺旋法则来判断。（　　）

111. 生化需氧量测定的标准条件为,将污水在 25℃ 的温度下培养 5 日。（　　）

112. 我国《地面水环境质量标准》中的Ⅰ、Ⅱ类水域,不得新建排污口。（　　）

113. 冬天不宜进行废水处理场的活性污泥法试运行。（　　）

114. 水体富营养化是由于氮、磷等营养物质超标引起。（　　）

115. 离心泵停车前,对离心泵应先关闭真空表和压力表阀,再慢慢关闭压力管上闸阀,实行闭闸停车。（　　）

116. 发生污泥上浮的污泥,其生物活性和沉降性能都不正常。（　　）

117. 消化污泥或熟污泥,呈黑色,有恶臭。（　　）

118. 在活性污泥法试运行时,活性污泥培养初期曝气量应控制在设计曝气量的 2 倍。（　　）

119. 当废水的 BOD_5/COD 大于 0.3 时,宜采用生物法处理。（　　）

120. 混凝法处理废水,可以分为混合与反应两个过程,处理废水实际操作中反应时间更长。（　　）

121. 滤速随时间而逐渐增加的过程称变速过滤。（　　）

122. 沉砂池的作用是去除废水中这些密度较大的无机、有机颗粒。（　　）

123. 漂浮物和有机物是使水产生浑浊现象的根源。（　　）

124. 离心泵的性能参数包括流量、扬程、转速、功率、效率、容许吸入高度。（　　）

125. 防止人身触电的技术措施有保护接地、保护接零、安全电压、装设避雷器。（　　）

126. 污泥调理的有机调理剂主要是阳离子型聚丙烯酰胺、阴离子型聚丙烯酰胺两类。（　　）

127. 过栅流速是污水流过栅条和格栅渠道的速度。（　　）

128. 一般认为,污水的 BOD_5/COD_{cr} 大于 0.2 就可以利用生物降解法进行处理,如果污水的 BOD_5/COD_{cr} 低于 0.3 则只能考虑采用其他方法进行处理。（　　）

129. 胶体微粒稳定性的原因是微粒的布朗运动和胶体颗粒表面的水化作用。（　　）

130. 曝气生物滤池有多种运行方式,可以下向流运行,也可以上向流运行。（　　）

131. 格栅启动频繁一种可能是液位差计出现故障,第二种可能是栅条间被大颗粒固体堵住。（　　）

132. 异养菌是指以 CO_2 或碳酸盐作为碳素来源进行生长的细菌。（　　　）

133. 有机物主要指碳水化合物、蛋白质、油脂、氨基酸等，这类物质在进行生物分解时需消耗水中的溶解氧，因此又称耗氧有机物。（　　　）

134. 水质指标主要由物理性水质指标、化学性水质指标两部分组成。（　　　）

135. 模块式 PLC 包括 CPU 板、I/O 板、显示面板、内存块、电源。（　　　）

136. 生物膜由细菌、真菌、藻类、原生动物、后生动物等微生物组成。（　　　）

137. 气-水联合反冲洗增大了混合反洗介质的速度梯度 G 值。颗粒的碰撞次数和水流剪切力均与 G 值成反比。（　　　）

138. 浊度是反应水中各种悬浮物、胶体物质等杂质含量多少的一个重要的物理外观参数，也是考核水处理设备净化效率的主要依据。（　　　）

139. 在二级处理中，初沉池是起到了主要的处理工艺。（　　　）

140. 污水处理方法中的生物法主要是分离溶解态的污染物。（　　　）

141. 在活性污泥系统里，微生物的代谢需要 N、P 的营养物。（　　　）

142. 用微生物处理污水的方法叫生物处理。（　　　）

143. 污水沿着池长的一端进水，进行水平方向流动至另一端出水，这种方法称为竖流式沉淀池。（　　　）

144. 污泥浓度大小间接地反映混合液中所含无机物的量。（　　　）

145. 固体物质可分为悬浮固体和胶体固体，其总量称为总固体。（　　　）

146. 细菌能将有机物转化成为无机物。（　　　）

147. 一般活性污泥是具有很强的吸附和氧化分解有机物的能力。（　　　）

148. 曝气池的悬浮固体不可能高于回流污泥的悬浮固体。（　　　）

149. 生物处理法按在有氧的环境下可分为阶段曝气法和表面加速曝气法两种方法。（　　　）

150. 污水处理系统中一级处理必须含有曝气池的组成。（　　　）

151. 污水中的悬浮固体是悬浮于水中的悬浮物质。（　　　）

152. 好氧性生物处理就是活性污泥法。（　　　）

153. 在污水处理厂内，螺旋泵主要用作活性污泥回流提升。（　　　）

154. 阀门的最基本功能是接通或切断管路介质的流通。（　　　）

155. 为了提高处理效率，对于单位数量的微生物，只应供给一定数量的可生物降解的有机物。（　　　）

156. 胶体颗粒表面能吸附溶液中电解质的某些阳离子或阴离子而使本身带电。（　　　）

157. 从控制水体污染的角度来看，水体对废水的稀释是水体自净的主要问题。（　　　）

158. 絮凝是指胶体被压缩双电层而脱稳的过程。（　　　）

159. 对于单位数量的微生物，应供应一定数量的可生物降解的有机物，若超过一限度，处理效率会大大提高。（　　　）

160. 温度高，在一定范围内微生物活力强，消耗有机物快。（　　　）

161. 对于反硝化造成的污泥上浮，应控制硝化，以达到控制反硝化的目的。（　　　）

162. 表面曝气系统是通过调节转速和叶轮淹没深度调节曝气池混合液的 DO 值。（　　　）

163. 通过改变闸阀开启度可以改变水泵性能,开启度越大,流量和扬程也越大。(　　)

164. 氧能溶解于水,但有一定的饱和度,饱和度和水温与压力有关,一般是与水温成反比关系,与压力成正比关系。(　　)

165. 生物絮凝法能较大地提高沉淀池的分离效果,悬浮物的去除率可达 80% 以上。(　　)

166. 斜板沉淀池的池长与水平流速不变时,池深越浅,则可截留的颗粒的沉速越大,并成正比关系。(　　)

167. 在普通沉淀池中加设斜板可减小沉淀池中的沉降面积,缩短颗粒沉降深度,改善水流状态,为颗粒沉降创造了最佳条件。(　　)

168. 活性污泥微生物是多菌种混合群体,其生长繁殖规律较复杂,通常可用其增长曲线来表示一般规律。(　　)

169. 在水处理中,利用沉淀法来处理污水,其作用主要是起到预处理的目的。(　　)

170. 在一般沉淀池中,过水断面各处的水流速度是相同的。(　　)

171. 当沉淀池容积一定时,装了斜板后,表面积越大,池深就越浅,其分离效果就越好。(　　)

172. 当水温高时,液体的黏滞度降低,扩散度降低,氧的转移系数就增大。(　　)

173. 在稳定状态下,氧的转移速率等于微生物细胞的需氧速率。(　　)

174. 纯氧曝气法由于氧气的分压大,转移率高,能使曝气池内有较高的 DO,则不会发生污泥膨胀等现象。(　　)

175. 混凝沉淀法,由于投加混凝剂使 pH 值上升,产生 CO_2、气泡等,使部分藻类上浮。(　　)

176. 酸碱污水中和处理可以连续进行,也可以间歇进行。采用何种方式主要根据被处理的污水流量而定。(　　)

177. 臭氧不仅可氧化有机物,还可氧化污水中的无机物。(　　)

178. 吸附量是选择吸附剂和设计吸附设备和重要数据。吸附量的大小,决定吸附剂再生周期的长短。吸附量越大,再生周期越小,从而再生剂的用量及再生费用就越小。(　　)

179. 有机污染物进入水体后,由于能源增加,势必使水中微生物得到增殖,从而少量地消耗水中的溶解氧。(　　)

180. 过滤就是对水中一小部分的悬浮杂质作进一步处理。(　　)

五、简 答 题

1. 为了使活性污泥曝气池正常运转,应认真做好哪些方面的工作?
2. 简述提高功率因数的意义和方法。
3. 电路由哪几部分组成? 各部分的作用是什么?
4. 什么是动力电路?
5. 简述离心泵工作原理。
6. 滚动轴承有哪些特点?
7. 在安装三角带时要注意什么问题?
8. 污水治理的根本目的是什么?

9. 污水处理按作用原理分为哪几个类型？按处理程度分为哪几个等级？

10. 什么是 pH 值？

11. 用试纸测定溶液 pH 值的正确方法是什么？

12. 污水处理常用的化学沉淀方法有哪些？

13. 离心泵叶轮有哪些类型？

14. 影响离心泵性能的因素有哪些？

15. 什么是调节池？

16. 均质调节池的类型有哪些？

17. 均质调节池的混合方式有哪些？

18. 隔油池的收油方式有哪些？

19. 什么是汽提法？

20. 酸性污水中和处理有哪些措施？

21. 碱性污水中和处理有哪些措施？

22. 影响污水生物处理的因素有哪些？

23. 什么是污泥泥龄？

24. 什么是污泥负荷？

25. 什么是容积负荷？

26. 厌氧消化装置的负荷率有哪些表示方法？

27. 什么是冲击负荷？

28. 什么是活性污泥？

29. 活性污泥由哪些物质组成？

30. 什么是菌胶团？

31. 菌胶团的作用是什么？

32. 活性污泥有哪些性能指标？

33. 什么是混合液悬浮固体浓度？

34. 什么是混合液挥发性悬浮固体浓度？

35. 什么是污泥沉降比？

36. 什么是污泥容积指数？

37. 什么是污泥密度指数？

38. 活性污泥的增长可分为哪几个阶段？

39. 沉淀池一般有哪些基本构造？

40. 二次沉淀池在污水处理系统中的作用是什么？

41. 沉淀池按水流方向划分类型有哪些？

42. 平流式沉淀池的优点有哪些？

43. 竖流式沉淀池的优点有哪些？

44. 辐流式沉淀池的优点有哪些？

45. 去除污水中的磷有哪些措施？

46. 污水中磷的存在形态有哪些？

47. 简述活性污泥净化污水的过程。

48. 常用的培养活性污泥的方法有哪几种?
49. 驯化活性污泥有哪些方法?
50. 什么是活性污泥法?
51. 活性污泥法其系统由哪些部分组成?
52. 活性污泥曝气的方法有哪些?
53. 鼓风曝气有哪些形式?
54. 曝气池根据混合液在其内的流态可分为哪几种?
55. 什么是推流式曝气池?
56. 什么是活性污泥膨胀?
57. 活性污泥膨胀分为哪几种类型?
58. 活性污泥膨胀的危害有哪些?
59. 如何识别污泥膨胀?
60. 控制曝气池活性污泥膨胀的措施有哪些?
61. 污泥回流的作用有哪些?
62. 什么是污泥回流比?
63. 污泥回流系统的控制方式有哪几种?
64. 如何控制剩余污泥的排放量?
65. 曝气池活性污泥颜色由茶褐色变为灰黑色的原因是什么?
66. 曝气池溶解氧含量过高的原因是什么?
67. 曝气池溶解氧含量过低的原因是什么?
68. 活性污泥工艺中产生的泡沫有哪些形式?
69. 曝气池出现生物泡沫有哪些具体原因?
70. 曝气池出现生物泡沫后的控制对策有哪些?

六、综 合 题

1. 论述推流式与完全混合式曝气池各自特点的比较。
2. 按照颗粒浓度、沉降性能来分,一般沉淀可分为几种,分别叙述其特征。
3. 对重力浓缩池来说,有哪三个主要设计参数,其含义分别是什么?
4. 引起活性污泥膨胀的因素有哪些? 其原因如何? 如何来克服?
5. 何谓排水系统及排水体制?
6. 污水分为几类? 其性质特征是什么?
7. 试述生物化学需氧量 BOD 的定义。
8. 简述厌氧生物处理的优缺点。
9. 曝气原理与作用是什么?
10. 为了使活性污泥曝气池正常运转,应认真做好哪些方面的工作?
11. 二沉池表面积累一层解絮污泥的原因及处理措施是什么?
12. 二沉池有细小污泥不断外漂的原因及处理措施是什么?
13. 污泥未成熟,絮粒瘦小,出水混浊,水质差,游动性小型鞭毛虫多的原因及处理措施有哪些?

14. UASB 运行的重要前提是什么?

15. 生物脱氮通过硝化作用和反硝化作用来进行的,但硝化作用的速度快慢是与哪些因素有关?

16. 气浮法有三大组成部分,其各自作用、要求如何?

17. 论述通过非稳态试验测定曝气设备在操作条件下的氧转移特性过程。

18. 简述氯化物的测定原理。

19. 已知污水中污泥沉降比 SV 等于 30,污泥浓度等于 3 g/L,求污泥溶积指数 SVI?

20. 已知进水悬浮物(SS)为 200 mg/L,出水悬浮物(SS)为 40 mg/L,进水流量 Q 为 100 m^3/h,求去除的干固体?

21. 如果总污水量为 240 m^3/h,要想污水在沉砂池中停留 10 min,沉沙池容积应设计为多大?

22. 如果总下水管道直径为 1 m,要从直径为 10 cm 的管道中通过,阻力不变应排多少根管子?

23. 如果厌氧塘长 60 m,宽 40 m,平均水深 3 m,进水量平均为 200 t/h,问水在厌氧塘中停留多长时间?

24. 已知氧化塘底面积是 7 000 m^2,平均水深 20 cm,如果污水每小时流量为 100 t/h,那么污水在氧化塘中停留多长时间?

25. 中水站的进水泵为 150 m^3/h,每 8 h 反冲洗一次,一次时间为 1 h,那么中水站一天可制造多少吨中水?

26. 中水站所用药品比重为 2 t/m^3,每天使用 200 kg,如要够使用 2 个月,药品摆放高度为 2 m,空隙率为 20%,请问至少需要设计多大面积的库房?

27. 如果气浮反应池中需耗空气 4.8 m^3/h,运行压力为 5 MPa,那么应选用多大的空压机?

28. 如果进水量为 150 m^3/h,水需在网格反应池中停留 10 min,网格反应池平均分成 20 个格,则每个格的体积是多少?

29. 曝气生物过滤法运行管理有哪些要求?

30. 反硝化过程中为什么氧的浓度不能超过 0.5 mg/L?

31. 简述水力停留时间对厌氧生物处理的影响。

32. 试述 pH 值对厌氧生物处理的影响体现在哪些方面。

废水处理工(中级工)答案

一、填 空 题

1. 水解	2. 有机物	3. 可生物降解	4. 单级泵
5. 高速旋转	6. 浓缩污泥	7. 轴功率	8. 消化污泥
9. 微生物	10. 脱水污泥	11. 细胞质	12. 好氧
13. 毛细水	14. 化学污泥	15. 生污泥	16. 扬程
17. 安装高度	18. 细菌	19. 干燥污泥	20. 间隙水
21. 自养	22. 高温	23. 有毒物质	24. 原生动物
25. 腐殖污泥	26. 有性	27. 活性污泥法	28. 污泥泥龄
29. 有机物	30. 小于 15 mg/L	31. 初沉污泥	32. 小于 100 mg/L
33. 微生物	34. 无机物	35. 油	36. 有机污泥
37. 酸	38. 密度指数	39. 6～9	40. 机油
41. 磷	42. 小于 150 mg/L	43. 铬	44. 空气
45. 水	46. 溶气释放器	47. 硝酸	48. 数量
49. MLSS	50. 小于 25 mg/L	51. 6～9	52. 代谢
53. 月	54. MLVSS	55. 污水	56. 检修
57. 堵塞	58. 0.03 mmol/L	59. SV	60. 三
61. 中水	62. 工业废水	63. 排放	64. 污水回用
65. SVI	66. 叶轮	67. 漏电	68. 零
69. 清理	70. 1 kg	71. 公称压力	72. 水体污染
73. 3 个/mL	74. 水体自净	75. 3～4 mg/L	76. 生化自净
77. 防护用品	78. 缓慢	79. 流通	80. 安全带
81. 多孔性	82. 自检	83. 0.45 MPa	84. 漏电保护器
85. 明火	86. 亲水	87. 氯离子	88. 虹吸
89. 无烟煤	90. 石英砂	91. 浮	92. 混合
93. 沉淀泥砂	94. 生物化学	95. 好氧	96. 有机污染物
97. 过载保护器	98. 氢气	99. 负压	100. 过滤
101. 聚合	102. 土壤自净	103. 预处理	104. 初沉池
105. 布水装置	106. 净化	107. 1 000	108. BOD_5
109. 活性污泥	110. 生物降解	111. 固液分离	112. 混凝
113. 乳化油	114. 泡沫	115. 中性	116. 色度
117. 消毒	118. 明矾	119. 三氯化铁	120. PAC
121. 浓度	122. 矾花	123. 助凝剂	124. 截止阀

125. 止回阀　　126. 安全阀　　127. 调节阀　　128. 分流阀
129. 自动阀　　130. 回转式　　131. 药剂　　　132. 铁磁性
133. 碳酸盐　　134. 重金属离子　135. 弱　　　136. 三相
137. 电阻　　　138. 严禁　　　139. 泡沫　　　140. 直流
141. 独立　　　142. 合上　　　143. 解除　　　144. 阻止
145. 不等于　　146. 电源　　　147. 开路

二、单项选择题

1. D	2. C	3. B	4. B	5. B	6. B	7. C	8. B	9. D
10. B	11. A	12. B	13. B	14. C	15. C	16. A	17. C	18. B
19. D	20. C	21. C	22. A	23. B	24. C	25. B	26. C	27. C
28. D	29. B	30. A	31. B	32. D	33. C	34. A	35. D	36. C
37. B	38. C	39. B	40. A	41. D	42. B	43. C	44. A	45. B
46. B	47. B	48. A	49. A	50. C	51. A	52. B	53. A	54. A
55. B	56. B	57. C	58. A	59. B	60. A	61. B	62. D	63. B
64. C	65. B	66. A	67. B	68. C	69. A	70. C	71. C	72. D
73. A	74. C	75. A	76. A	77. B	78. D	79. C	80. D	81. D
82. A	83. C	84. B	85. A	86. C	87. B	88. A	89. D	90. B
91. C	92. A	93. B	94. D	95. C	96. B	97. A	98. B	99. C
100. D	101. A	102. B	103. D	104. A	105. B	106. C	107. D	108. A
109. B	110. C	111. C	112. D	113. D	114. C	115. A	116. B	117. C
118. B	119. D	120. D	121. B	122. B	123. C	124. B	125. C	126. A
127. B	128. A	129. D	130. C	131. A	132. C	133. D	134. C	135. B
136. B	137. A	138. A	139. C	140. A	141. C	142. A	143. A	144. C
145. D	146. D	147. D	148. A	149. C	150. B	151. D	152. B	153. D
154. B	155. A	156. A	157. B	158. A	159. C	160. D	161. B	162. A
163. B	164. C	165. B						

三、多项选择题

1. BC	2. AC	3. CD	4. BC	5. ABD	6. AD	7. BC
8. ABC	9. ACD	10. BC	11. ACD	12. ABC	13. ABC	14. CD
15. AB	16. ACD	17. AB	18. AC	19. BD	20. AB	21. CD
22. BC	23. ABCD	24. AD	25. BC	26. ABD	27. CD	28. AC
29. AB	30. BC	31. BC	32. AD	33. BC	34. AD	35. ABD
36. BC	37. CD	38. AB	39. ACD	40. BD	41. AB	42. CD
43. AB	44. BCD	45. AB	46. BC	47. CD	48. AD	49. AB
50. CD	51. BC	52. AC	53. BCD	54. AB	55. ACD	56. BD
57. ABCD	58. BC	59. AD	60. BD	61. AC	62. CD	63. AB
64. AC	65. BC	66. ABCD	67. AB	68. AD	69. BC	70. ABD

71. ABC　　72. ABCD　　73. ABD　　74. ABC　　75. BCD　　76. CD　　77. AB
78. CD　　79. AD　　80. ABC　　81. ABCD　　82. BCD　　83. ABC　　84. AB
85. AC　　86. AD　　87. AC　　88. BCD　　89. BCD　　90. AB　　91. CD
92. AB　　93. ABCD　　94. ABD　　95. BCD　　96. BCD　　97. AB　　98. ABD
99. BC　　100. ABC　　101. BCD　　102. AC　　103. ABCD　　104. ABCD　　105. CD
106. ABC　　107. BCD　　108. AC　　109. ABCD　　110. BC　　111. CD　　112. ABC
113. CD　　114. ABC　　115. AB　　116. ABCD　　117. ABC　　118. BC　　119. BCD
120. BC　　121. CD　　122. AD　　123. ACD　　124. ABCD　　125. BD　　126. BCD
127. AB　　128. AD　　129. ABD　　130. CD　　131. ABD　　132. CD　　133. AC
134. BD　　135. ABD　　136. ABCD　　137. AD　　138. BC　　139. CD　　140. ABCD
141. BC　　142. AD　　143. AB　　144. BC　　145. ABC　　146. ABD　　147. CD
148. BCD　　149. AB　　150. ACD　　151. BC　　152. BD　　153. AC　　154. BD
155. ABC　　156. ABCD　　157. ABCD　　158. BC　　159. AD　　160. ABD　　161. AB
162. CD　　163. BC　　164. AB

四、判 断 题

1. ×　　2. √　　3. ×　　4. ×　　5. ×　　6. √　　7. ×　　8. ×　　9. √
10. √　　11. ×　　12. ×　　13. √　　14. ×　　15. ×　　16. √　　17. √　　18. √
19. ×　　20. ×　　21. ×　　22. √　　23. ×　　24. ×　　25. √　　26. √　　27. √
28. ×　　29. ×　　30. √　　31. ×　　32. ×　　33. ×　　34. √　　35. ×　　36. √
37. √　　38. √　　39. √　　40. √　　41. ×　　42. ×　　43. √　　44. √　　45. ×
46. ×　　47. √　　48. ×　　49. √　　50. ×　　51. ×　　52. ×　　53. ×　　54. √
55. ×　　56. ×　　57. √　　58. ×　　59. ×　　60. √　　61. ×　　62. √　　63. √
64. ×　　65. √　　66. √　　67. √　　68. ×　　69. √　　70. √　　71. √　　72. ×
73. √　　74. √　　75. √　　76. ×　　77. √　　78. √　　79. √　　80. ×　　81. ×
82. √　　83. ×　　84. √　　85. ×　　86. ×　　87. √　　88. √　　89. ×　　90. √
91. ×　　92. √　　93. √　　94. √　　95. ×　　96. √　　97. ×　　98. √　　99. √
100. ×　　101. √　　102. √　　103. ×　　104. √　　105. √　　106. ×　　107. ×　　108. √
109. ×　　110. ×　　111. ×　　112. √　　113. √　　114. √　　115. √　　116. ×　　117. ×
118. ×　　119. √　　120. √　　121. ×　　122. √　　123. ×　　124. √　　125. ×　　126. ×
127. √　　128. ×　　129. ×　　130. √　　131. √　　132. ×　　133. ×　　134. √　　135. ×
136. √　　137. ×　　138. √　　139. √　　140. ×　　141. ×　　142. √　　143. √　　144. √
145. ×　　146. √　　147. √　　148. ×　　149. ×　　150. ×　　151. ×　　152. √　　153. √
154. √　　155. √　　156. √　　157. ×　　158. ×　　159. ×　　160. √　　161. ×　　162. √
163. ×　　164. √　　165. √　　166. ×　　167. ×　　168. √　　169. ×　　170. ×　　171. √
172. ×　　173. √　　174. √　　175. ×　　176. √　　177. √　　178. ×　　179. ×　　180. √

五、简 答 题

1. 答:(1)严格控制进水量和负荷以及污泥浓度(1分)。

(2)控制回流污泥量,注意活性污泥的质量(1分)。

(3)严格控制排泥量和排泥时间(1分)。

(4)适当供氧(1分)。

(5)认真做好记录,及时分析运行数据。做到四个经常,即经常计算、经常观察、经常测定、经常联系(1分)。

2. 答:意义:提高功率因素的意义就是提高电源的利用率(2分)。

方法:(1)感性负载,两端并联电容器(1.5分)。

(2)为机械设备选择匹配合适的电动机(1.5分)。

3. 答:(1)电源:把非电能转换成电能,而负载是提供电能的装置(2分)。

(2)负载:将电能转变成其他形式能的元器件或设备(1分)。

(3)开关:控制电路接通或断开的器件(1分)。

(4)连接导线:传输或分配电能(1分)。

4. 答:动力电路是控制工作机械操作的电路(5分)。

5. 答:当叶轮在泵壳内旋转时,在离心力的驱使下,叶轮中的水被迅速甩离叶轮,沿出水管路被压送出去(3分),而叶轮中心的低压区又被进水池的水补充,这样水就不断被抽送(2分)。

6. 答:滚动轴承工作时滚动体在内、外圈的滚道上滚动,形成滚动摩擦(3分),具有摩擦小、效率高、轴向尺寸小、装拆方便等特点(2分)。

7. 答:两带轮轴线平行,带轮端面在一直线上(2分),皮带型号相同长度一致,张紧力适中,皮带在带轮槽中位置正确(3分)。

8. 答:"综合利用、化害为利",这是消除污染环境的有效措施(2分)。"依靠群众,大家动手",这是调动全社会及广大群众的积极性,以便搞好环境及污水治理工作(1分)。"保护环境,造福人类"这是环境保护的出发点和根本目的(2分)。

9. 答:污水处理的方法,按作用原理分,归纳起来主要有物理法、生物化学法和化学法三种类型(3分)。按处理程度可分为一级处理、二级处理和三级处理三个等级(2分)。

10. 答:pH 值是水溶液中酸碱度的一种表示方法(3分),通常用氢离子浓度的负对数表示(2分)。

11. 答:用玻璃棒蘸取被测溶液滴在试纸上,然后用标准比色卡与试纸所显示颜色对照(5分)。

12. 答:氢氧化物沉淀法、硫化物沉淀法、碳酸盐沉淀法、还原沉淀法、卤化物沉淀法、钡盐沉淀法等(5分)。

13. 答:按叶轮机械结构可分为闭式、半闭式和开式叶轮三种(5分)。

14. 答:液体密度、黏度、叶轮机械机构、离心泵叶轮直径、转速(5分)。

15. 答:调节池是用以调节进、出水流量的构筑物(5分)。

16. 答:均量池、均质池、均化池、间歇式均化池、事故调节池(5分)。

17. 答:水泵强制循环、空气搅拌、机械搅拌、穿孔导流槽引水(5分)。

18. 答:固定式集油管收油、移动式收油装置收油、自动收油罩收油、刮油机收油(5分)。

19. 答:让污水与水蒸汽直接接触,使污水中的挥发性有毒有害物质按一定比例扩散到气相中去,从而达到从污水中分离污染物的目的(5分)。

20. 答:酸碱污水混合中和、投药中和、过滤中和(5分)。

21. 答:酸碱污水混合中和、投酸中和、烟道气中和(5分)。

22. 答:负荷、温度、pH值、含氧量、营养、有毒物质(5分)。

23. 答:污泥泥龄是指曝气池中活性污泥的重量与每日排放的污泥量之比(5分)。

24. 答:污泥负荷是指单位质量的活性污泥在单位时间内所去除的污染物的量(5分)。

25. 答:容积负荷是指曝气池单位容积在单位时间内接受有机污染物的量(5分)。

26. 答:容积负荷率、污泥负荷率、投配率(5分)。

27. 答:冲击负荷指在短时间内污水处理设施的进水负荷超出设计值或正常运行的情况(5分)。

28. 答:活性污泥是微生物群体及它们所依附的有机物质和无机物质的总称(5分)。

29. 答:活性污泥主要由细菌、原生动物、后生动物等组成(5分)。

30. 答:菌胶团是指细菌之间按一定的排列方式互相粘集在一起,被一个公共荚膜包围形成一定形状的细菌集团(5分)。

31. 答:菌胶团中的菌体由于包埋于胶质中,故不易被原生动物吞噬(3分),有利于沉降,且具有较强的吸附和氧化有机物的能力(2分)。

32. 答:混合液悬浮固体浓度(MLSS)、混合液挥发性悬浮固体浓度(MLVSS)、污泥沉降比(SV)、污泥容积指数(SVI)、污泥密度指数(SDI)(5分)。

33. 答:指1 L曝气池混合液中所含悬浮固体干重(5分)。

34. 答:指曝气池单位容积污泥污水混合液中,所含有机固体的总重量(5分)。

35. 答:指曝气池混合液1 L量筒中静置沉淀30 min,沉淀污泥与静置前混合液的体积比(5分)。

36. 答:指曝气池混合液经30 min静置沉降后1 g干污泥所占的体积(5分)。

37. 答:指100 mL混合液静置30 min后所含活性污泥的克数(5分)。

38. 答:适应期、对数增长期、减速增长期、内源呼吸期(5分)。

39. 答:进水区、沉淀区、缓冲区、污泥区、出水区(5分)。

40. 答:二次沉淀池是接纳生化处理的出水,用以沉淀生物悬浮固体获得澄清水的装置(5分)。

41. 答:分为平流式、辐流式、竖流式三种形式(5分)。

42. 答:(1)沉淀效果好(1分)。

(2)对冲击负荷和温度变化的适应能力强(2分)。

(3)施工简易,造价低廉(2分)。

43. 答:排泥方便,管理简单,占地面积小(5分)。

44. 答:(1)多为机械排泥,运行较好,管理较简单(3分)。

(2)排泥设备已趋定型(2分)。

45. 答:去除磷的方法有化学沉淀法和生物除磷法两类(5分)。

46. 答:污水中的磷有三种形态,即正磷酸盐、聚磷酸盐和有机磷(5分)。

47. 答:(1)絮凝、吸附过程(2分)。

(2)分解、氧化过程(2分)。

(3)沉淀与浓缩过程(1分)。

48. 答:常用培养活性污泥的方法有自然培养和接种培养(5分)。

49. 答:包括异步驯化、同步驯化、接种驯化三种(5分)。

50. 答:活性污泥法是以活性污泥为主体,利用活性污泥中悬浮生长型好氧微生物氧化分解污水中的有机物质的污水生物处理技术(5分)。

51. 答:活性污泥系统一般由曝气池、曝气系统、回流污泥系统、混合液回流系统和二沉池组成(5分)。

52. 答:鼓风曝气、机械曝气、纯氧或富氧曝气(5分)。

53. 答:底层曝气、浅层曝气、深水曝气、深井曝气(5分)。

54. 答:推流式曝气池、完全混合式曝气池、循环混合式曝气池(5分)。

55. 答:推流式曝气池是水流流动形式为推流式的曝气池(5分)。

56. 答:是指活性污泥质量变轻、膨大,沉降性能恶化,SVI值不断升高,不能在二沉池内进行正常的泥水分离(5分)。

57. 答:活性污泥膨胀总体上分为丝状菌膨胀和非丝状菌膨胀两大类(5分)。

58. 答:发生污泥膨胀后,二沉池出水的SS将会大幅增加,同时导致出水的COD和BOD_5也超标(5分)。

59. 答:污泥膨胀可以通过监测曝气混合液的SVI、沉降速度和生物相镜检来判断和预测(5分)。

60. 答:投加混凝剂、投加氧化剂、工艺调节、生物选择器的使用(5分)。

61. 答:(1)补充曝气池混合液流出带走的活性污泥(2分)。

(2)增加池内的搅拌,使污泥与污水接触均匀(2分)。

(3)对缓冲进水水质能起到一定作用(1分)。

62. 答:污泥回流比是污泥回流量与曝气池进水量的比值(5分)。

63. 答:(1)保持回流量恒定(1分)。

(2)保持剩余污泥排放量恒定(2分)。

(3)回流比和回流量均随时调整(2分)。

64. 答:用MLSS控制,用F/M控制、用SV_{30}控制,用泥龄控制(5分)。

65. 答:是进水负荷增高、曝气不足、水温或pH值突变、回流污泥腐败等导致的曝气池混合液内溶解氧含量不足(5分)。

66. 答:原因是污泥中毒、污泥负荷偏低等(5分)。

67. 答:原因是混合液污泥浓度过高、污泥负荷过高等(5分)。

68. 答:启动泡沫、反硝化泡沫、表面活性剂泡沫、生物泡沫(5分)。

69. 答:污泥停留时间、pH值、溶解氧、温度、有憎水性物质、曝气方式、气温和气压以及水压的交替变化、污泥负荷(5分)。

70. 答:增加表面搅拌、投加杀菌剂或消泡剂、降低污泥龄、回流厌氧消化池上清液、向曝气反应器内投加载体、投加化学药剂(5分)。

六、综 合 题

1. 答:(1)从流向上看:推流式是不会混合的,而完全混合式是要混合的(2分)。

(2)从水质上看:推流式的前后水质不一样(从供氧、水中的有机物含量可看出)(2分)。

(3)从工作点来看:(即从生长曲线上说明)完全混合式是从某一点有机物与微生物的比值上运行;而推流式是从生长曲线的某一段运行(2分)。

(4)从处理效率来看:推流式较好,完全混合式差,因为有时会有短流现象存在(2分)。

(5)从抵抗冲击负荷能力来看:完全混合式好,推流式不好(2分)。

2. 答:(1)自由沉淀指水中颗粒浓度不大,颗粒间无凝聚性,沉速恒定,各颗粒单独沉淀(3分)。

(2)絮凝沉淀指颗粒浓度低,颗粒之间有凝聚性;另外在沉降过程中,沉速在不断变化,所以沉速不恒定(3分)。

(3)成层沉淀指颗粒浓度较大,颗粒有凝聚性,呈块状的沉淀,初看上去好像是清水和浊水的分界面的移动,界面沉降速度是不变的(2分)。

(4)压缩沉淀指颗粒浓度相当高,颗粒有凝聚性,在上层颗粒重力作用下把下层颗粒空隙中的水向上挤出,这样会引起颗粒重新以及更紧密地排列。(2分)

3. 答:(1)固体通量(或称固体过流率):单位时间内,通过浓缩池任一断面的固体重量,单位:$kg/(m^2 \cdot h)$(3分)。

(2)水面积负荷:单位时间内,每单位浓缩池表面积溢流的上清液流量,单位:$m^3/(m^2 \cdot h)$(3分)。

(3)污泥容积比 SVI:浓缩池体积与每日排出的污泥体积之比值,表示固体物在浓缩池中的平均停留时间(3分)。

根据以上3个设计参数就可设计出所要求的浓缩池的表面积、有效容积和深度(1分)。

4. 答:因素:(1)水质:如含有大量可溶性有机物,陈腐污水,C:N失调(0.5分)。

(2)温度:$t>30℃$,丝状菌特别易繁殖(0.5分)。

(3)DO:低或高都不行,丝状菌都能得到氧而增长(0.5分)。

(4)冲击负荷:由于负荷高,来不及氧化。丝状菌就要繁殖(0.5分)。

(5)毒物流入(0.5分)。

(6)生产装置存在着死角,发生了厌氧(0.5分)。

原因:

(1)大量丝状菌的繁殖(1分)。

(2)高粘性多糖类的蓄积(1分)。

克服办法:

(1)曝气池运行上:$DO>2\ mg/L$,$15℃\leqslant T\leqslant35℃$,营养比注意(1分)。

(2)沉淀池要求不发生厌氧状态(1分)。

(3)回流污泥活化(0.5分)。

(4)调整好 MLSS(0.5分)。

(5)变更低浓度废水的流入方式(0.5分)。

(6)不均一废水投入方法(0.5分)。

(7)对高黏性膨胀投加无机混凝剂,使它相对密度加大些(1分)。

5. 答:(1)排水系统是收集、输送、处理和利用污水,以改善水质,排除城市积水,保护自然环境,保障人民健康(4分)。

(2)排水系统的体制是将生活污水、工业废水和降水这些污水采用一个管渠系统来排除,或者采用两个或两个以上各自独立的管渠系统来排除,污水的这种不同排除方式所形成排水系统,称作排水系统的体制(6分)。

6. 答:按照来源的不同,污水可分为生活污水,工业废水和降水(1分)。

(1)生活污水:是指人们日常生活中用过的水,包括从厕所、浴室、盥洗室、厨房、食堂和洗衣房等处排出的水(3分)。

(2)工业废水:是指在工业生产中所排出的废水,来自车间或矿场(3分)。

(3)降水:是指在地面上流泄的雨水和冰雪融化水,降水常叫雨水(3分)。

7. 答:废水中可为微生物降解的有机物,可在好氧性微生物的作用下分解(4分)。微生物在分解这些有机物的过程中水消耗了水中的溶解氧,因此在一定条件下消耗的溶解氧的量,可反映被微生物分解的有机物的量,这个溶解氧的量就称为生化需氧量(6分)。

8. 答:废水的厌氧生物处理工艺,由于不需另加氧源,故运转费用低(3分)。而且可回收利用生物能(甲烷)以及剩余污泥量亦少得多,这些都是厌氧生物处理工艺的优点(2分)。其主要缺点是由于厌氧生化反应速度较慢,故反应时间长,反应器容积较大(3分)。而且要保持较快的反应速度,就要保持较高的温度,消耗能源。总的来说,对有机污泥的消化以及高浓度(一般 $BOD_5 \geqslant 2\,000$ mg/L)的有机废水均可采用厌氧生物处理法予以无害化及回收沼气(2分)。

9. 答:曝气的主要作用为充氧、搅动和混合,通常曝气池中溶解氧浓度应控制在 2 mg/L以上(5分)。混合和搅拌的目的是使曝气池中的污泥处于悬浮状态,从而增加废水与混合液的充分接触,提高传质效率,保证曝气池的处理效果(5分)。

10. 答:(1)严格控制进水量和负荷(2分)。

(2)控制污泥浓度(2分)。

(3)控制回流污泥量,注意活性污泥的质量(2分)。

(4)严格控制排泥量和排泥时间(2分。)

(5)认真做好记录,及时分析运行数据。做到四个经常用,即经常计算、经常观察、经常联系、经常测定(2分)。

11. 答:主要原因:微型动物死亡,污泥絮解,出水水质恶化,COD、BOD 上升,进水中有毒物浓度过高或 pH 异常(5分)。

处理措施:停止进水,排泥后投加营养物,或引进生活污水,使污泥复壮,或引进新污泥菌种(5分)。

12. 答:主要原因:污泥缺乏营养;进水中氨氮浓度高,C/N 比不合适;池子的温度超过40℃;翼轮转速过高使絮粒破碎(5分)。

主要处理措施:投加营养物或引进高浓度 BOD 水,使 $F/M > 0.1$,停开一个曝气池(5分)。

13. 答:主要原因为水质成分浓度变化过大;废水中营养不平衡或不足;废水中含毒物或pH 值不足(6分)。处理措施为使废水成分、浓度和营养物均衡化,并适当补充所缺营养(4分)。

14. 答:反应器内形成沉淀性能良好的颗粒污泥(3分);以产气和进水为动力形成良好的菌(污泥)料(废水中的有机物)搅拌,使颗粒污泥均匀地悬浮分布在反应器内(3分);设计合理的气(沼气)、水(出水)、泥(颗粒污泥)三相分离器,使沉淀性能良好的污泥能保留在反应器内,并保持极高的生物量(4 分)。

15. 答:硝化作用的速度与以下因素有关:

(1)pH 值:当 pH 值为 8.4 时(指在 20℃条件下),硝化作用速度最快(2 分)。

(2)温度:温度高时硝化作用速度快。一般在 30℃时的硝化作用速度是 17℃时的一倍(3 分)。

(3)DO 值:需要较高的 DO 值,当 DO 由 2 mg/L 下降到 0.5 mg/L 时,硝化作用速度由 0.09 kgNH$_4$-N/(kgMLSS·日)下降到 0.045 kgNH$_4$-N/(kgMLSS·日)(3 分)。

(4)氨浓度:当小于 2.5 mg/L 时,硝化速度就急剧下降(2 分)。

16. 答:压力溶气系统——主要考虑溶气罐(2 分)。所以要求提高溶气效率,防止未溶气的水进入气浮池;防止水倒灌入空压机,减少水通过填料层的阻力;其作用是提供气、水良好接触空气,使空气溶解在水中;溶气释放系统——使空气从水中析出,产出高质量的微细气泡(4 分)。

要求有三点:

(1)能将溶气水(透明的)中的空气充分释放出来(乳白色的)(2 分)。

(2)产生的气泡质量好(1 分)。

(3)结构简单,不易堵塞(1 分)。

17. 答:(1)将试液温度调整到预计的实际温度(1 分)。

(2)利用亚硫酸钠和氯化钴催化剂对试验池中的液体进行脱氧。氯化钴的用量应低于 0.05 mg/L,亚硫酸钠与氧的反应:$Na_2SO_3 + 0.5O_2 \longrightarrow Na_2SO_4$,理论上与 1 mg/L 的氧完全反应需 7.9 mg/L 的亚硫酸钠,但为了使液体完全脱氧一般向水中添加 1.5 倍于理论值的亚硫酸钠(2 分)。

(3)利用与运转条件相同的曝气设备对试液充氧(1 分)。

(4)在试液达到饱和浓度以前记录在不同时间和取样点测得的 DO 浓度(2 分)。

(5)以 lg[(C−Co)/(Cs−C)]与时间 t 作图将会得到一条斜率为 K_{1a}=2.3 的直线(2 分)。

(6)重复试验结果表明,曝气池中总的氧传递效率将随废水中有机物的去除而增加(2 分)。

18. 答:污水中的氯离子与硝酸银反应生成难溶的氯化银白色沉淀(3 分),以硝酸银滴定法测定水中可溶性氯化物,可用铬酸钾作指示剂(3 分),因氯化钾的溶解度比铬酸银小,所以可溶性氯化物被滴定完后,稍过量的硝酸银与铬酸钾生成稳定的砖红色铬酸银沉淀,指示终点的到达(4 分)。

19. 解:SV=30,污泥浓度=3 g/L(3 分)。

SVI=SV×10/污泥浓度=30×10/3=100(6 分)。

答:污泥容积指数 SVI 为 100(1 分)。

20. 解:SS$_进$=200 mg/L,SS$_出$=40 mg/L(2 分)。

处理的悬浮物=SS$_进$−SS$_出$=200−40=160 mg/L(3 分)。

去除的干固体=处理的悬浮物×Q=160×100×10^{-3}=16 kg(4 分)。

答:去除的干固体 16 kg(1 分)。

21. 解:240 m³/h=4 m³/min(3 分)。

容积为 4×10=40 m³(6 分)。

答:沉淀池容积应设定为 40 m³(1 分)。

22. 解:$(1 \div 2)^2 \times 3.14 / [(0.1 \div 2)^2 \times 3.14] = 100$(根)(9 分)

答:应排 100 根管子(1 分)。

23. 解:体积为 $60 \times 40 \times 3 = 7\,200$ m³(4 分)。

停留时间为 $7\,200 \div 200 = 36$(h)(5 分)。

答:水在厌氧塘停留时间为 36 h(1 分)。

24. 解:体积为 $7\,000 \times 0.2 = 1\,400$ m³(4 分)。

停留时间为 $1\,400 \div 100 = 14$(h)(5 分)。

答:水在氧化塘中停留时间为 14 h(1 分)。

25. 解:$24 \div 8 = 3$,则每天需三次进行反冲洗(3 分)。

$1 \times 3 = 3$,则每天反冲洗需 3 h,实际制水时间为 21 h(3 分)。

每天的制水量应为 $150 \times 21 = 3\,150$ t(3 分)。

答:中水站一天能制 3 150 t 水(1 分)。

26. 解:2 t/m³ $= 2\,000$ kg/m³(1 分),2 个月用量为 $200 \times 60 = 12\,000$ kg(3 分),需要的总空间为 $12\,000 \div 2\,000 = 6$ m³(3 分)。

库房面积 $= 6 \div 2 \times (1 + 0.2) = 3.6$ m²(2 分)。

答:至少要设计面积为 3.6 m² 的库房(1 分)。

27. 解:$4.8 \div 60 = 0.08$(m³/min)(9 分)。

答:应选用产气量 0.08 m³/min,压力大于 5 MPa 的空压机(1 分)。

28. 解:150 m³/h $= 2.5$ m³/min(1 分)。

总体积为 $2.5 \times 10 = 25$ m³(4 分),每格体积为 $25 \div 20 = 1.25$ m³(4 分)。

答:每个小格的体积为 1.25 m³(1 分)。

29. 答:(1)调节各池的进水量,使各池均匀配水(1 分)。

(2)保证预处理设施对油脂和悬浮物的去除率,使滤池布气、布水均匀(1 分)。

(3)滤池应周期进行反冲洗,按设计要求控制气、水反冲洗强度(1 分)。

(4)CN 池工艺布气头应定期开启(1 分)。

(5)反冲洗污水池内的水下搅拌器应定期开启(1 分)。

(6)长期运行后,需根据填料耗损程度和处理水质状况进行适量补充(1 分)。

(7)曝气生物过滤的工艺特点决定了工艺运行主要依赖于自控系统,因此对自控系统的掌握尤为重要(2 分)。

(8)滤池运行中出现气味异常增加,处理效率降低,进、出水水质异常等异常问题需要根据实际情况加以解决(2 分)。

30. 答:反硝化过程是反硝化菌异化硝酸盐的过程,即由硝化菌产生的硝酸盐和亚硝酸盐在反硝化菌的作用下,被还原为氮气后从水中逸出的过程(4 分)。反硝化过程要在缺氧的状态下进行,溶解氧的浓度不能超过 0.5 mg/L,因为氧接受电子的能力比氮氧化物强,反硝化菌优先选择氧接受电子(3 分)。如果水中的氧的浓度过高,反硝化过程就要停止;如果无氧存在,则选择氮氧化物作为电子受体(3 分)。

31. 答:水力停留时间对厌氧工艺的影响主要是通过上升流速来表现出来的(4 分)。一方面,较高水流速度可以提高污水系统内进水区的扰动性,从而增加生物污泥与进水有机物之间的接触,提高有机物的去除率(3分);另一方面,为了维持系统中能拥有足够多的污泥,上升流速又不能超过一定限值(3分)。

32. 答:厌氧微生物对其活动范围内的 pH 值有一定要求(2分);产酸菌对 pH 值的适应范围较广,一般在 4.5~8 都能维持较高的活性(2分);而甲烷菌对 pH 值较为敏感,适应范围较窄,在 6.6~7.4 较为适宜,最佳 pH 值为 6.8~7.2(3分)。因此,在厌氧处理过程中,尤其是产酸和产甲烷在一个构筑物内进行时,通常要保持反应器内 pH 值在 6.5~7.2,最好保持在 6.8~7.2 范围内(3分)。

废水处理工(高级工)习题

一、填空题

1. 污泥中所含水分的质量与污泥总质量之比的百分数称为污泥(　　　)。

2. 污泥中的(　　　)是消化处理的对象。

3. 曝气池首段有机污染物负荷高,耗氧速度(　　　)。

4. 许多工业废水含有难降解的有机物,这些有机物很难或根本不能用常规的生物法去除,这些物质可用(　　　)加以去除。

5. 在相界面上,物质的浓度自动发生累计或浓集的现象称为(　　　)。

6. 吸附法是利用(　　　)的固体物质,使废水中的一种或多种物质被吸附在固体表面而去除的方法。

7. 根据固体表面吸附力的不同,吸附可分为物理吸附和(　　　)吸附两种类型。

8. 吸附剂和吸附物质之间通过(　　　)产生的吸附称为物理吸附。

9. 化学吸附是吸附剂和吸附质之间发生的化学作用,是由(　　　)引起的。

10. 物理吸附和化学吸附往往(　　　)发生。

11. 活性炭是用含炭为主的物质作原料,经高温炭化活化而制成的(　　　)吸附剂,外观呈黑色。

12. 活性炭的吸附特性不仅与细孔构造和分布情况有关,而且还与活性炭的表面(　　　)有关。

13. 单位质量的吸附剂在单位时间内所吸附的物质的量被称为(　　　)。

14. 废水处理中适用的离子交换剂分为无机离子交换剂和(　　　)离子交换剂。

15. 采用离子交换法处理废水时必须考虑(　　　)的选择性。

16. 利用隔膜使溶剂同溶质或微粒分离的方法称为(　　　)法。

17. 电解质溶液在电流的作用下,发生电化学反应的过程称为(　　　)。

18. 游离氨易于从水中逸出,如加以(　　　)的物理作用,并使水的 pH 值升高,则可促使氨从水中逸出。

19. 在化学除磷技术中,以使用(　　　)者居多。

20. 利用聚磷菌一类的微生物,从外部环境摄取磷,并将磷以聚合的形态贮藏在菌体内,形成高磷污泥,排出系统外的方法称为(　　　)。

21. 污泥的厌氧消化是利用厌氧微生物的(　　　)、酸化、产甲烷等过程。

22. 污泥的好氧消化是在不投加(　　　)的条件下,对污泥进行长时间的曝气,使污泥中的微生物处于内源呼吸阶段进行自身氧化。

23. 好氧消化可以使污泥中的(　　　)部分被氧化去除,消化程度高、剩余污泥量少,处理后的污泥容易脱水。

24. 离心泵按轴上安装的叶轮的个数可分为（　　）和多级泵。

25. 叶片式水泵是靠装有叶片的叶轮（　　）来进行能量转换的。

26. 细菌主要由细胞膜、（　　）、核质体等部分构成,有的细菌还由荚膜、鞭毛等特殊结构。

27. 按细菌对氧气的需求可以分为（　　）细菌和厌氧细菌。

28. 存在污泥颗粒见的毛细管中,约占20％,需要更大的外力才能去除的水称为（　　）。

29. 化学法强化一级处理或三级处理产生的污称为（　　）。

30. 从初沉池和二沉池排处的沉淀物和悬浮物称为（　　）。

31. 按细菌的生活方式来分,分为（　　）细菌和异养细菌。

32. 好氧消化有普通好氧消化和（　　）好氧消化两种。

33. 对微生物有抑制作用的化学物质叫（　　）。

34. 动物中最原始、最低等、结构最简单的单细胞动物称为（　　）。

35. 生物膜法二沉池产生的沉淀污泥称为（　　）。

36. 污水一级处理产生的污泥称为（　　）。

37. 污水综合排放一级标准,COD（　　）。

38. 控制污泥龄是选择活性污泥系统中（　　）种类的一种方法。

39. 以（　　）为主要成分的污泥称为泥渣。

40. 除油处理废水的主要污染物是碱和（　　）。

41. 磷化废水的主要污染物是（　　）。

42. 污水综合排放二级标准,COD（　　）。

43. 铬钝化废水的主要污染物是（　　）。

44. 气浮池中水翻大花,说明溶气罐中（　　）压力过高。

45. 气浮池中只有清水,说明溶气罐中（　　）压力过高。

46. 污水综合排放二级标准,pH 值（　　）。

47. 污泥消化是利用微生物的（　　）作用。

48. 机械设备应每（　　）加一次机油。

49. 活性污泥混合液挥发性悬浮固体浓度英文缩写为（　　）。

50. 在生产生活活动中排放水的总称叫（　　）。

51. 生水用于建筑物内杂用时也称（　　）。

52. 在工业生产过程中被使用过且被工业物料所污染,已无使用价值的水叫（　　）。

53. 生活污水是人类日常生活中（　　）的水。

54. 深度处理后的污水回用于生产或杂用叫（　　）。

55. 活性污泥污泥容积指数的英文缩写是（　　）。

56. 某种材料的阀门在规定温度下,所允许承受的最大工作压力为（　　）。

57. 污染物进入水体使水体改变原有功能叫（　　）。

58. 饮用水标准大肠菌群数小于等于（　　）。

59. 污染后的水体,在自然条件下,由于水体自身的物理化学生物的多重作用,水体恢复到污染前状态叫（　　）。

60. 水溶解氧小于（　　）鱼虾就会死亡。

61. 污泥机械脱水以（   ）物质为过滤介质。

62. 溶气罐安全阀应每天进行（   ）。

63. 溶气罐工作压力为小于（   ）。

64. 使用潜水泵时要配备（   ）。

65. 消毒间内不准有（   ）。

66. 气浮的作用是将聚合在一起的污染物质（   ）到水面上。

67. 网格反应池的功能是将污水和聚合氯化铝充分（   ）。

68. 沉砂池的主要作用是（   ）。

69. 水中生化耗氧量是（   ）指标。

70. 污水的生物膜处理法是与活性污泥法并列的一种污水（   ）生物处理技术。

71. 聚合氯化铝的作用是将污水中的悬浮物质（   ）在一起易于气浮。

72. 生物滤池是以（   ）原理为依据，在污水灌溉的实践基础上，经较原始的间歇砂滤池和接触滤池而发展起来的。

73. 进入生物滤池的污水，必须通过（   ）。

74. 处理城市污水的生物滤池前设（   ）。

75. 普通的生物滤池由池体、滤料、（   ）和排水系统等四部分组成。

76. 絮凝剂主要用于初沉池、二沉池、气浮池及混凝深度处理等工艺环节，作为强化（   ）的手段。

77. 助凝剂辅助絮凝剂强化（   ）效果。

78. 破乳剂，也称脱稳剂，主要用于对含有（   ）的含油污水气浮前的预处理。

79. 消泡剂，主要用于消除曝气或搅拌过程中出现的大量（   ）。

80. pH 值调节剂用于将酸性污水和碱性污水的 pH 值调整为（   ）。

81. 絮凝剂的选择主要取决于水中胶体和悬浮物的性质及（   ）。

82. 水温影响絮凝剂的水解速度和（   ）形成的速度及结构。

83. 在污水处理中用来辅助药剂以提高混凝效果的辅助药剂称为（   ）。

84. 接通或截断管路中介质的阀门称为（   ）。

85. 防止管路中介质倒流的阀门是（   ）。

86. 转子流量计被广泛应用于污水流量、（   ）投加的计量。

87. 电磁流量计安装时应尽量避开（   ）物质以及具有强电磁场的设备。

88. 金属离子碳酸盐的溶度积很小，对于高浓度的重金属污水，可投加（   ）进行回收。

89. 氢氧化物沉淀法是在一定 pH 值条件下，（   ）生成难溶于水的氢氧化物沉淀而得到分离。

90. 氧化还原电位越低，氧化性越（   ）。

91. 生污泥浓缩处理后得到的污泥称为（   ）。

92. 泵在一定流量和扬程下，电机单位时间内给予泵轴的功称为（   ）。

93. 生污泥厌氧分解后得到的污泥称为（   ）。

94. 形体微小、结构简单、肉眼看不见，必须在电子显微镜或光学显微镜下才能看见的所有微小生物称为（   ）。

95. 经过脱水处理后得到的污泥称为（   ）。

96. 单位质量液体通过泵获得的有效能量就是泵的(　　)。

97. 吸程即泵允许吸上液体的真空度,也就是泵允许的(　　)。

98. 形状细短、结构简单、多以二分裂方式进行繁殖的原核动物称为(　　)。

99. 经过干燥处理后得到的污泥称为(　　)。

100. 存在于污泥颗粒间隙中,约占污泥水分的 70% 左右,一般可借助重力或离心力分离的水称为(　　)。

101. 原生动物的生殖方式有无性生殖和(　　)生殖。

102. 剩余活性污泥是(　　)产生的剩余污泥。

103. 曝气池中活性污泥的总量与每日排放的污泥量之比为(　　)。

104. 以(　　)为主要成分的污泥称为有机污泥。

105. 污水综合排放一级标准,氨氮(　　)。

106. 按活性污泥的性质,可将其分为泥渣和(　　)有机污泥。

107. 酸化处理废水的主要污染物是(　　)。

108. 100 mL 混合液静止 30 min 后所含活性污泥的克数,单位为 g/mL,称为污泥(　　)。

109. 污水综合排放一级标准,pH 值(　　)。

110. 机加工车间的主要污染物是(　　)。

111. 如果溶气罐中水气平衡,气浮池中没有气浮,应检查(　　)。

112. 硝酸显光处理废水的主要污染物是(　　)。

113. MLSS 是衡量反应器中活性污泥(　　)多少的指标。

114. 活性污泥混合液悬浮固体浓度的英文缩写为(　　)。

115. 污水综合排放二级标准,氨氮(　　)。

116. 溶气泵出现声音异常时,应停机进行(　　)。

117. 使用潜污泵时,出水量减少,应检查叶轮是否(　　)。

118. 锅炉用水要求出水硬度小于(　　)。

119. 活性污泥污泥沉降比的英文缩写是(　　)。

120. 污水处理按处理程度划分可分为(　　)级处理。

121. 使用潜污泵时,过载保护器断开,应检查泵的(　　)是否卡住。

122. 使用潜污泵时,漏电保护器断开,说明泵已经(　　),不能再继续使用。

123. 在有压力设备的检修时,要先减压为(　　)时再进行维修。

124. 二氧化氯发生器的出氯管道要每班进行(　　)。

125. 二氧化氯控制柜上电流表指示为 1 000 A 时,二氧化氯的理论产量是(　　)。

126. 水体对水体中有机污染物的自净过程叫水体的(　　)。

127. 进入消毒间要穿戴好(　　)。

128. 开阀门时要注意侧身(　　)打开。

129. 下井工作要先检测井下空气是否(　　)。

130. 登高作业要系好(　　)。

131. 生物膜是高度(　　)的物质。

132. 二氧化氯发生器使用的是氯化钠中的(　　)制造氯气的。

133. 制水时采用（　　）方式可以加快制水速度。

134. 石英砂滤层下面是 35 cm 厚的（　　）。

135. 滤料的上层是 40 cm 厚（　　）。

136. 污水与生物膜接触，污水中的（　　）作为营养物质。

137. 使用潜水泵时除配备漏电保护器外还要配备（　　）。

138. 二氧化氯在工作时会产生一种主要副产品，它是（　　）。

139. 水射器的工作原理是高压水通过变径管道时产生（　　）进行工作的。

140. 气浮池里的水通过滤料（　　）后进入清水池。

141. 滤料是生物滤池的主体，它对生物滤池的（　　）功能有直接影响。

142. 普通生物滤池一般适用于每日水量不高于（　　）m³ 的有机性工业废水。

143. 高负荷生物滤池的高滤率是通过限制进水（　　）值和在运行上采取处理水回流等措施达到的。

144. 生物滤池滤料表面生成的生物膜污泥，相当于（　　）法曝气池中的活性污泥。

145. 曝气生物滤池是集（　　）、固液分离于一体的污水处理设备。

146. 氧化、还原剂用于含有氧化性物质或还原性物质、（　　）等工业污水的处理。

147. 消毒剂用于在污水处理后排放或回用前的（　　）处理。

148. 铝盐作为混凝剂的物质主要有硫酸铝、（　　）等。

149. 铁盐作为混凝剂的物质主要有硫酸亚铁、（　　）等。

150. 聚合氯化铝的英文缩写是（　　）。

151. 防止管路或装置中介质压力超过规定数值，以保护后续设备的安全运行的阀门是（　　）。

152. 调节介质的压力、流量等参数的阀门是（　　）。

153. 分配、分离或混合管路中介质的阀门是（　　）。

154. 不需要外力驱动，而是依靠介质自身的能量来使阀门动作的阀门是（　　）。

155. 没有静止的栅条，由密布的齿耙随着回转牵引链的运动将污水中悬浮物打捞出来的格栅机称为（　　）格栅机。

156. 半导体的电阻随温度的升高而（　　）。

157. 电场力做功与所经过的路径无关，参考点确定后，电场中各点的电位之值便唯一确定，这就是电位（　　）原理。

158. 串联电路中，电压的分配与电阻成（　　）。

159. 并联电路中，电流的分配与电阻成（　　）。

160. 在纯电感电路中，没有能量消耗，只有能量（　　）。

161. 电场力在单位时间内所做的功称为（　　）。

162. 接地中线相色漆规定涂为（　　）。

163. 由三个频率相同、电势振幅相等、相位差互差120°角的交流电路组成的电力系统，叫（　　）交流电。

164. 纯电阻单相正弦交流电路中的电压与电流，其瞬间时值遵循（　　）定律。

165. 线圈右手螺旋定则是：四指表示电流方向，大拇指表示（　　）方向。

166. 最大值是正弦交流电在变化过程中出现的最大（　　）值。

167. 将一根条形磁铁截去一段仍为条形磁铁,它仍然具有(　　)磁极。

168. 电阻两端的交流电压与流过电阻的电流相位相同,在电阻一定时,电流与电压成(　　)。

二、单项选择题

1. 污泥调理的目的是(　　)。
(A)使污泥中的有机物质稳定化　　　　(B)改善污泥的脱水性能
(C)减小污泥的体积　　　　　　　　　(D)从污泥中回收有用物质

2. 在全电路中,负载电阻增大,端电压将(　　)。
(A)升高　　　　(B)降低　　　　(C)不变　　　　(D)不确定

3. 在闭合电路中,电源内阻变大,电源两端的电压将(　　)。
(A)升高　　　　(B)降低　　　　(C)不变　　　　(D)不确定

4. 污染物浓度差异越大,单位时间内通过单位面积扩散的污染物质量(　　)。
(A)越多　　　　(B)越少　　　　(C)一般　　　　(D)零

5. 在叶轮的线速度和浸没深度适当时,叶轮的充氧能力可为(　　)。
(A)最小　　　　(B)零　　　　(C)最大　　　　(D)无关系

6. 混凝、絮凝、凝聚三者关系为(　　)。
(A)三者无关　　　　　　　　　　　　(B)絮凝=混凝+凝聚
(C)凝聚=混凝-絮凝　　　　　　　　 (D)混凝=凝聚+絮凝

7. 根据水力学原理,两层水流间的摩擦力和水层接触面积的关系(　　)。
(A)无关　　　　(B)相等　　　　(C)反比例　　　　(D)正比例

8. 污泥回流的目的主要是保持曝气池中(　　)。
(A)MLSS　　　　(B)DO　　　　(C)MLVSS　　　　(D)SVl

9. AAD 系统中的厌氧段,要求 IX 的指标控制为(　　)。
(A)0.5　　　　(B)1.0　　　　(C)2.0　　　　(D)4.0

10. 曝气过程中 DO 浓度以变化率与液膜厚度(　　)。
(A)成反比　　　　(B)成正比　　　　(C)无关系　　　　(D)零

11. 生物转盘运转过程中产生白色生物膜,关于其形成原因下列说法中错误的是(　　)。
(A)负荷过高　　　　　　　　　　　　(B)进水偏酸
(C)污水温度下降　　　　　　　　　　(D)进水中含大颗粒物

12. 影响酶活力比较重要的两个因素是(　　)。
(A)DO、温度　　　　　　　　　　　　(B)pH 值、催化剂
(C)基质浓度、DO　　　　　　　　　　(D)温度、pH 值

13. 在适宜的环境里,细菌的生长繁殖一般每隔(　　)分裂一次。
(A)10 min　　　　(B)10~20 min　　　　(C)20~30 min　　　　(D)30 min 以上

14. 当活性污泥或化学污泥等杂质浓度大于(　　)mg/L 时,将出现成区沉降。
(A)200~500　　　　(B)500~1 000　　　　(C)750~1 000　　　　(D)1 000~2 000

15. 少油断路器的灭弧方法是(　　)。
(A)横吹和纵吹　　　　(B)速拉　　　　(C)合弧切断　　　　(D)钢片冷却

16. 当水温低时,液体的黏滞度提高,扩散度降低,氧的转移系数就(　　)。

(A)无关系　　(B)零　　(C)减少　　(D)增大

17. 快滤池中的滤速将随水头损失的增加而(　　)。

(A)逐渐减少　　(B)逐渐增加　　(C)无变化　　(D)无关系

18. 固体通量对浓缩池来说是主要的控制因素,根据固体通量可确定浓缩池的(　　)。

(A)断面积、深度　　　　(B)污泥固体浓度

(C)体积、深度　　　　(D)表面积、深度

19. 在理想沉淀池中,颗粒的水平分速度与水流速度的关系(　　)。

(A)大于　　(B)相等　　(C)小于　　(D)无关系

20. 在絮凝沉淀过程中,对于一定的颗粒,不同的水深将有不同的沉淀效率,水深增大沉淀效率也增高。如水深增加1倍,沉淀时间(　　)。

(A)增加1倍　　　　(B)不需要增加1倍

(C)增加10倍　　　　(D)缩小1倍

21. 河流流速越大,单位时间内通过单位面积输送的污染物质的数量就(　　)。

(A)越多　　(B)零　　(C)越小　　(D)无关

22. 水的搅动和与空气接触面的大小等因素对氧的溶解速度影响(　　)。

(A)较小　　(B)零　　(C)较大　　(D)无关

23. 主要通过颗粒之间的拥挤与自动压缩,污水中的悬浮固体浓度才会进一步提高的是(　　)。

(A)絮凝沉淀　　(B)自由沉淀　　(C)集团沉淀　　(D)压缩沉淀

24. 衡量污泥沉降性能的指标,也是衡量污泥吸附性能的指标是(　　)。

(A)SV%　　(B)SVI　　(C)SS　　(D)MLSS

25. 下列(　　)的变化会使二沉池产生异重流,导致短流。

(A)pH值　　(B)DO　　(C)温度　　(D)MLSS

26. 对微生物无选择性的杀伤剂,既能杀灭丝状菌,又能杀伤菌胶团细菌的是(　　)。

(A)氨　　(B)氧　　(C)氮　　(D)氯

27. 液体的动力黏滞性系数与颗粒的沉速呈(　　)。

(A)反比关系　　(B)正比关系　　(C)相等关系　　(D)无关

28. 为保证生化自净,污水中必须含有足够的(　　)。

(A)MLSS　　(B)DO　　(C)温度　　(D)pH值

29. 悬浮物的去除率不仅取决于沉淀速度,而且与(　　)有关。

(A)颗粒大小　　(B)表面积　　(C)深度　　(D)容积

30. 河流的稀释能力主要取决于河流的(　　)的能力。

(A)杂质的多少　　(B)推流和扩散　　(C)推流速度　　(D)扩散系数

31. 废水中有机物在各时刻的耗氧速度和该时刻的生化需氧量(　　)。

(A)成正比　　(B)成反比　　(C)相等　　(D)无关

32. 污泥回流的目的主要是保持曝气池中(　　)。

(A)DO　　(B)微生物　　(C)营养物质　　(D)MLSS

33. 生物处理中的完全混合式,其MLSS一般要求掌握在(　　)。

(A)2~3 g/L　　　(B)3~4 g/L　　　(C)4~6 g/L　　　(D)6~8 g/L

34. 为了使沉砂池能正常进行,主要要求控制(　　)。

(A)颗粒粒径　　　(B)污水流速　　　(C)间隙宽度　　　(D)曝气量

35. 悬浮颗粒在水中的沉淀,可根据(　　)分为四种基本类型。

(A)浓度和特征　　　(B)下沉速度　　　(C)下沉体积　　　(D)颗粒粒径

36. 水中的溶解物越多,一般所含(　　)也越多。

(A)盐类　　　(B)有机物　　　(C)酸类　　　(D)碱类

37. 合建式表面加速曝气池中,由于曝气区到澄清区的水头损失较小,故可获得较高的回流比,其回流比比推流式曝气池可大(　　)。

(A)10 倍　　　(B)5~10 倍　　　(C)2~5 倍　　　(D)2 倍

38. 在集水井中有粗格栅,通常其间隙宽度为(　　)。

(A)10~15 mm　　　(B)15~25 mm　　　(C)25~50 mm　　　(D)40~70 mm

39. 溶解氧在水体自净过程中是个重要参数,它可反映水体中(　　)。

(A)耗氧指标　　　　　　　　(B)溶氧指标

(C)有机物含量　　　　　　　(D)耗氧与溶氧的平衡关系

40. 细菌的细胞物质主要是由(　　)组成,而且形式很小,所以带电荷。

(A)蛋白质　　　(B)脂肪　　　(C)碳水化合物　　　(D)纤维素

41. 用来去除生物反应器出水中的生物细胞等物质的是(　　)。

(A)沉砂池　　　(B)初沉池　　　(C)曝气池　　　(D)无关系

42. 可提高空气的利用率和曝气池的工作能力的是(　　)。

(A)渐减曝气　　　(B)阶段曝气　　　(C)生物吸附　　　(D)表面曝气

43. 废水中各种有机物的相对组成如没变化,则 COD 和 BOD_5 之间的比例关系(　　)。

(A)大于　　　　　　　　　　(B)小于

(C)COD>第一阶段 BOD_5>BOD_5　　　(D)零

44. 细格栅通常用于沉砂池,其间隙宽度应掌握在(　　)。

(A)5~10 mm　　　(B)5~30 mm　　　(C)10~15 mm　　　(D)10~25 mm

45. 曝气池供氧的目的是提供给微生物(　　)的需要。

(A)分解有机物　　　(B)分解无机物　　　(C)呼吸作用　　　(D)分解氧化

46. 某交流电路已知电压的初相为 245°,电流初相为 -23°,电压与电流的相位关系为(　　)。

(A)电压超前电流 268°　　　　　　(B)电流超前电压 222°

(C)电压超前电流 90°　　　　　　(D)电压滞后电流 92°

47. 在控制电路和信号电路中,耗能元件必须接在电路的(　　)。

(A)左边　　　　　　　　　　(B)右边

(C)靠近电源干线的一边　　　　　(D)靠近接地线的一边

48. 安装全波整流电路时,若误将任一只二极管接反了,产生的后果是(　　)。

(A)输出电压是原来的一半　　　　(B)输出电压的极性改变

(C)只有接反后二极管烧毁　　　　(D)可能两只二极管均烧毁

49. 在单相桥式整流电路中,若有一只整流二极管脱焊断路,则(　　)。

(A)电源短路　　　　　　　　　　(B)输出电压减小

(C)电路仍正常工作　　　　　　　(D)电路变为半波整流

50. 三相变压器采用 Y/△接法时,可以(　　　)。

(A)降低线圈绝缘要求　　　　　　(B)使绕组导线截面增大

(C)增大输出功率　　　　　　　　(D)增大输入功率

51. 接触器通电动作时,或按下复合按钮时,它们的触头动作顺序是(　　　)。

(A)先接通动合触头,后断开动开触头

(B)先断开动开触头,后接通动合头

(C)动合、动开触头同时动作

(D)动合、动开触头动作先后没要求

52. 晶体管串联型稳压电路中取样电路的作用是(　　　)。

(A)提供一个基本稳定的直流参考电压　　(B)取出输出电压变动量的一部分

(C)自动调整管压降的大小　　　　　　　(D)取出输入电压变动量的一部分

53. 压力溶气气浮法中,当采用调料溶气罐时,以(　　　)方式供气为好。

(A)泵前插管　　(B)鼓风机　　(C)射流　　(D)空压机

54. 下列(　　　)可以省去反冲洗罐和水泵。

(A)重力式滤池　　(B)压力式滤池　　(C)快滤池　　(D)虹吸滤池

55. 水泵填料盒滴水一般为(　　　)滴/min。

(A)120　　(B)60　　(C)30　　(D)10

56. 关于消化池泡沫的形成原因,以下说法中错误的是(　　　)。

(A)进水 pH 值变化　　　　　　(B)温度波动太大

(C)进泥量发生突变　　　　　　(D)污水处理系统中产生的诺卡氏菌引起

57. 液氯消毒时,起消毒作用的主要是(　　　)。

(A)HClO　　(B)ClO$^-$　　(C)HCl　　(D)Cl$^-$

58. 硝化菌生长于生物膜的(　　　)。

(A)表层　　(B)中间　　(C)内层　　(D)整个断面

59. 离心脱水机去除的是污泥中的(　　　)。

(A)表层　　(B)毛细水　　(C)表面吸附水　　(D)内部水

60. 下列关于离心式水泵启动后不出水的原因中错误的是(　　　)。

(A)水泵引水不足,泵内及吸水管内未充满水

(B)水泵旋转方向不对

(C)水泵转速不够

(D)吸水管路或填料密封有气进入

61. 轴向力平衡机构的作用是(　　　)。

(A)增加叶轮刚度　　　　　　(B)减少叶轮轴向窜动

(C)平衡叶轮进出口压力　　　(D)减少容积损失

62. 以泵轴中间轴为基准,用(　　　)找正电机座位置。

(A)直角尺　　(B)百分表　　(C)万能角度尺　　(D)水平尺

63. 潜水泵突然停机会造成(　　　)现象。

(A)水锤　　　　　　(B)喘振　　　　　　(C)气浊　　　　　　(D)以上都不是

64. 立式泵底座水平座用垫铁调整用水平仪测量水平度允差(　　)。

(A)0.1/100　　(B)0.1/1 000　　(C)0.01/1 000　　(D)1/100

65. 水泵的有效功率是指(　　)。

(A)电机的输出功率　　　　　　　　(B)电机的输入功率

(C)水泵输入功率　　　　　　　　　(D)水泵输出功率

66. 曝气池中曝气量过大不会导致(　　)。

(A)活性污泥上浮　　　　　　　　　(B)活性污泥解体

(C)活性污泥膨胀　　　　　　　　　(D)异常发泡

67. 若要增加水泵扬程,则不可采用(　　)。

(A)增大叶轮直径　　　　　　　　　(B)增加叶轮转速

(C)将出水管改粗　　　　　　　　　(D)将出水管改细

68. 以下处理方法中不属于深度处理的是(　　)。

(A)吸附　　　　　　(B)离子交换　　　　(C)沉淀　　　　　　(D)膜技术

69. 安放填料,其两端应切成(　　)。

(A)45°左右　　　　(B)60°左右　　　　(C)30°左右　　　　(D)90°左右

70. 如果水泵流量不变,管道截面减小了,则流速(　　)。

(A)增加　　　　　　(B)减小　　　　　　(C)不变　　　　　　(D)无关

71. 轴流泵的 Q-H 曲线是一条(　　)的曲线。

(A)上升　　　　　　(B)平坦　　　　　　(C)有驼峰　　　　　(D)陡降

72. 目前应用最为广泛的一种气浮方法是(　　)。

(A)电解气浮法　　　　　　　　　　(B)扩散板曝气气浮法

(C)叶轮气浮法　　　　　　　　　　(D)溶气气浮法

73. 泵轴和中间传动轴的同轴度要求允许偏差不大于(　　)。

(A)0.3/100　　(B)0.3/1 000　　(C)0.03/1 000　　(D)3/100

74. 鼓风曝气池的有效水深一般为(　　)。

(A)2～3 m　　　　(B)4～6 m　　　　(C)6～8 m　　　　(D)8～9 m

75. 曝气池出口处的溶解氧以(　　)为宜。

(A)1 mg/L　　　　(B)2 mg/L　　　　(C)4 mg/L　　　　(D)6 mg/L

76. 总有机碳的测定前水样要进行酸化曝气,以消除由于(　　)存在所产生的误差。

(A)无机碳　　　　　(B)有机碳　　　　　(C)总碳　　　　　　(D)二氧化碳

77. 某些金属离子及其化合物能够为生物所吸收,并通过食物链逐渐(　　)而达到相当的程度。

(A)减少　　　　　　(B)增大　　　　　　(C)富集　　　　　　(D)吸收

78. 污水排入水体后,污染物质在水体中的扩散有分子扩散和紊流扩散两种,两者的作用是前者(　　)后者。

(A)大于　　　　　　(B)小于　　　　　　(C)相等　　　　　　(D)无法比较

79. 由于酚类物质在河水中只考虑稀释、扩散,而不考虑生物降解的因素,因此,排放污水中的酚含量和混合后的河水中的酚含量(　　)。

(A)相等   (B)不相等   (C)大于   (D)小于

80. 以下不属于活性污泥发黑的原因的是(　　)。
(A)硫化物的积累   (B)氧化锰的积累
(C)工业废水流入   (D)氢氧化铁的积累

81. 污水流量和水质变化的观测周期越长,调节池设计计算结果的准确性与可靠性(　　)。
(A)越高   (B)越低   (C)无法比较   (D)零

82. 关于曝气生物滤池的特征,以下说法错误的是(　　)。
(A)气液在填料间隙充分接触,由于气、液、固三相接触,氧的转移率高,动力消耗低
(B)本设备无需设沉淀池,占地面积少
(C)无需污泥回流,但有污泥膨胀现象
(D)池内能够保持大量的生物量,再由于截留作用,污水处理效果良好

83. 水中的污染物质能否与气泡粘附,还取决于该物质的润湿性,即该物质能为水润湿的程度一般的规律是疏水性颗粒(　　)与气泡粘附。
(A)难   (B)易   (C)不可能   (D)完全

84. 下列说法中不正确的是(　　)。
(A)较高的温度对消毒有利
(B)水中杂质越多,消毒效果越差
(C)污水的 pH 值较高时,次氯酸根的浓度增加,消毒效果增加
(D)消毒剂与微生物的混合效果越好,杀菌率越高

85. 下列说法正确的是(　　)。
(A)废水 pH 值对吸附的影响与吸附剂的性能无关
(B)温度越高对吸附越有利
(C)共存物对吸附无影响
(D)吸附质在废水中的溶解度对吸附有较大影响

86. 菌胶团具有良好的(　　)性能。
(A)絮凝、沉降、氧化分解   (B)沉降、氧化分解
(C)氧化分解、絮凝   (D)絮凝、沉降

87. 电气浮的实质是将含有电解质的污水作为可电解的介质,通过(　　)电极导以电流进行电解。
(A)正   (B)负   (C)阳极   (D)正负

88. 沉淀和溶解平衡是暂时的,有条件的只要条件改变,沉淀和溶解这对矛盾就能互相转化,如果离子积(　　)溶度积就会发生沉淀。
(A)相等   (B)少于   (C)大于   (D)无法比较

89. 当泵的轴线高于水池液面时,为防止发生气浊现象,所允许的泵轴线距吸水池液面的垂直高度为(　　)。
(A)扬程   (B)动压头
(C)静压头   (D)允许吸上真空高度

90. 过滤中和法用于含硫酸浓度不大于(　　),生成易溶盐的各种酸性污水的中和处理。

(A)1 g/L　　　　　(B)2～3 g/L　　　　(C)3～4 g/L　　　　(D)5 g/L

91. 利用污泥中固液比重不同,在高速旋转的机械中具有不同的离心力而进行分离浓缩的方法是( )。

(A)连续式重力浓缩　　　　　　　　(B)间歇式重力浓缩

(C)气浮浓缩　　　　　　　　　　　(D)离心浓缩

92. 污泥回流的目的主要是把持曝气池中一定的( )浓度。

(A)溶解氧　　　　(B)MLSS　　　　(C)微生物　　　　(D)COD 的浓度

93. 曝气池中混合液 MLSS 浓度主要来自回流污泥,其浓度( )回流污泥浓度。

(A)相当于　　　　(B)高于　　　　(C)不可能高于　　　　(D)基本相同于

94. 在生物滤池中,当生物膜生长过厚时会使出水水质下降,此时可采用( )方法解决。

(A)两级滤池并联同时进水

(B)高频加水,增加布水器转速

(C)加大回流水量,借助水力冲脱过厚的生物膜

(D)停止进水,人工去除多余生物膜

95. 水泵润滑油一般工作( )h 换一次。

(A)300　　　　(B)400　　　　(C)500　　　　(D)600

96. 异步电动机正常工作时,电源电压变化对电动机正常工作( )。

(A)没有影响　　　(B)影响很小　　　(C)按比例　　　(D)具代表性

97. 下列污染物中,不属于第一类污染物的是( )。

(A)总铜　　　　(B)烷基汞　　　　(C)苯并芘　　　　(D)石油类

98. 下列选项中不属于按照功能划分的调节池是( )。

(A)方形调节池　　　　　　　　　　(B)水质调节池

(C)事故调节池　　　　　　　　　　(D)水量调节池

99. 下列物质中属于助凝剂的是( )。

(A)硫酸亚铁　　　(B)明矾　　　　(C)纯碱　　　　(D)聚合硫酸铝

100. 生物膜法产泥量一般比活性污泥的( )。

(A)多　　　　(B)少　　　　(C)一样多　　　　(D)不稳定

101. 采用活性炭吸附法处理污水时,在吸附塔内常常有厌氧微生物生长,堵塞炭层,出水水质恶化,导致这种现象的原因可能是( )。

(A)进水中溶解氧的浓度过高

(B)进水中 COD 含量过高,使吸附塔的有机负荷过高

(C)气温或水温过低

(D)废水在炭层内的停留时间过短

102. 普通活性污泥法处理废水,曝气池中的污泥浓度一般控制在( )。

(A)1 500～2 500 mg/L　　　　　　(B)1 000～3 000 mg/L

(C)1 500～3 000 mg/L　　　　　　(D)1 000～2 500 mg/L

103. 关于丝状体污泥膨胀的产生原因,下列表述错误的是( )。

(A)溶解氧的浓度过低　　　　　　　(B)BOD-SS 过高

(C)废水中的营养物质不足　　　　　　　(D)局部污泥堵塞

104. 常用的游标卡尺属于(　　)。

(A)通用量具　　　(B)专用量具　　　(C)极限量具　　　(D)标准量具

105. 与普通活性污泥法相比,生物膜法的优点主要表现在(　　)。

(A)对污水水质、水量的变化引起的冲击负荷适应能力较强

(B)操作稳定性较好

(C)剩余污泥的产量高

(D)BOD_5的去除率较高

106. 重金属(　　)被微生物降解。

(A)易于　　　(B)难于　　　(C)一般能　　　(D)根本不能

107. 生物转盘是由(　　)及驱动装置组成。

(A)曝气装置、盘片　　　　　　　(B)盘片、接触反映槽、转轴

(C)接触反应槽、曝气装置、转轴　　　(D)转轴、曝气装置

108. 电解质的凝聚能力随着离子价的增大而(　　)。

(A)减少　　　(B)增大　　　(C)无变化　　　(D)零

109. 在很多活性污泥系统里,当污水和活性污泥接触后很短的时间内,就出现了(　　)的有机物去除率。

(A)较少　　　(B)很高　　　(C)无一定关系　　　(D)极少

110. 活性污泥微生物的对数增长期是在$F:M$大于(　　)时出现的。

(A)6.6　　　(B)5.5　　　(C)3.3　　　(D)2.2

111. 空气氧化法处理含硫废水,是利用空气中的(　　)。

(A)氮气　　　(B)二氧化碳　　　(C)氢气　　　(D)氧气

112. 气浮池运行中,如发现接触区浮渣面不平,局部冒大气泡的原因是(　　)。

(A)发生反应　　　(B)释放器脱落　　　(C)气量过大　　　(D)释放器堵塞

113. 标示滤料颗粒大小的是(　　)。

(A)半径　　　(B)直径　　　(C)球径　　　(D)数目

114. 下面哪种药剂属于混凝剂(　　)。

(A)消泡剂　　　(B)聚合氯化铝　　　(C)漂白粉　　　(D)二氧化氯

115. 交流电动机最好的调速方法是(　　)。

(A)变级调速　　　　　　　(B)降压调速

(C)转子串电阻调速　　　　　(D)变频调速

116. 为了避免用电设备漏电造成触电伤亡事故,在电压低于1 000 V电源中性接触地的电力网中应采用(　　)。

(A)保护接地　　　　　　　(B)保护接零

(C)工作接地　　　　　　　(D)既保护接地又保护接零

117. 下列哪个环境因子对活性污泥微生物无影响(　　)。

(A)营养物质　　　(B)酸碱度　　　(C)湿度　　　(D)毒物浓度

118. 竖流式沉淀池的排泥方式一般采用(　　)。

(A)自然排泥　　　(B)泵抽吸　　　(C)机械排泥　　　(D)静水压力

119. 下列哪种泵不属于叶片式泵(　　)。

(A)离心泵　　　　(B)混流泵　　　　(C)潜水泵　　　　(D)螺杆泵

120. 水体富营养化是由于(　　)物质超标引起。

(A)悬浮杂质　　(B)N 和 P　　　　(C)病原体　　　　(D)重金属离子

121. 排入设置二级污水处理厂的城镇排水系统的污水执行(　　)级标准。

(A)1　　　　　(B)2　　　　　(C)3　　　　　(D)4

122. 粗格栅是指栅间距(　　)。

(A)大于 10 mm　(B)大于 20 mm　(C)大于 30 mm　(D)大于 40 mm

123. 曝气沉砂池在实际运行中为达到稳定的除砂效率应通过调整(　　)来改变旋流速度和旋转圈数。

(A)减少排砂次数　(B)调整出水量　　(C)增加排砂次数　(D)曝气强度

124. 生物膜法的微生物生长方式是(　　)。

(A)悬浮生长型　(B)固着生长型　　(C)混合生长型　　(D)以上都不是

125. 通常在废水处理系统运转正常,有机负荷较低,出水水质良好,才会出现的动物是(　　)。

(A)轮虫　　　　(B)线虫　　　　　(C)纤毛虫　　　　(D)瓢体虫

126. 闷曝是(　　)。

(A)只曝气不进水　(B)不曝气只进水　(B)鼓风曝气　　　(D)又曝气又进水

127. 废水处理中吸附-生物降解工艺简称为(　　)。

(A)A/O 法　　　(B)A2/O 法　　　(C)AB 法　　　　(D)SBR 法

128. 废水处理场的调试或试运行包括(　　)。

(A)单机试运　　　　　　　　　　(B)单机试运行和联动试车

(C)联机试车　　　　　　　　　　(D)以上都不是

129. 不宜进行废水处理场的活性污泥法试运行在(　　)季。

(A)春　　　　　(B)夏　　　　　(C)秋　　　　　(D)冬

130. 在活性污泥法污水处理场废水操作工进行巡检时,发现(　　)设施出现气泡或泡沫即属于不正常现象。

(A)沉砂池　　　(B)气浮池　　　　(C)曝气池　　　　(D)二沉池

131. 在活性污泥法污水处理场废水操作工进行巡检时,看到曝气池表面某处翻动缓慢,其原因是(　　)。

(A)曝气头脱落　(B)扩散器堵塞　　(C)曝气过多　　　(D)SS 浓度太大

132. 废水处理场的常规分析化验项目中反映处理效果的项目是(　　)。

(A)进、出水的 BOD_5、SS　　　　(B)水温

(C)DO　　　　　　　　　　　　(D)MLSS

133. 每次下井作业的时间不超过(　　)。

(A)1 h　　　　　(B)2 h　　　　　(C)3 h　　　　　(D)4 h

134. 短时间内污水处理设施的进水负荷超出设计值或正常运行值的情况叫(　　)。

(A)污泥负荷　　(B)容积负荷　　　(C)表面负荷　　　(D)冲击负荷

135. 处理工在巡检时发现二沉池泥水界面接近水,部分污泥碎片溢出应(　　)。

(A)停机检查   (B)投加絮凝剂

(C)减少出水流速   (D)加大剩余污泥排放量

136. 型号为"Z942W—1"的阀门种类是(   )。

(A)闸阀   (B)蝶阀   (C)截至阀   (D)止回阀

137. 当离心泵输不出液体的原因为吸入管路内有空气时,应解决的方法是(   )。

(A)清除叶轮杂物   (B)更换高扬程的泵

(C)纠正电机旋转方向   (D)注满液体

138. 若用静水压力法排泥,则初沉池和活性污泥曝气法后的二沉池,(   )必须的静水压力更高些。

(A)初沉池   (B)二沉池   (C)一样   (D)不一定

139. 已知某城市污水处理厂的最大设计流量为 0.8 m^3/s,其曝气沉淀池的水力停留时间为 2 min,则池的总有效容积为(   )。

(A)1.6 m^3 (B)96 m^3 (C)48 m^3 (D)192 m^3

140. 废水处理中常使用氯气消毒,实际中使用的是液氯瓶,液氯变成氯气要吸收热量,(   )对氯瓶加热的方法正确。

(A)用明火   (B)用高温蒸汽

(C)用电热炉   (D)用 15～25℃的温水连续喷淋氯瓶

141. 当(   )污泥含水率下降,污泥呈塑态。

(A)85%以上   (B)95%以上   (C)65%～85%   (D)低于 65%

142. 污水处理设施在(   )情况下不必报经当地环境保护部门审批。

(A)需暂停运转的   (B)电气设备的正常检修

(C)需拆除或者闲置的   (D)需改造更新的

143. 废水中耗氧有机物的浓度,不能用下列(   )指标表示。

(A)COD_{cr} (B)BOD_5 (C)SS   (D)TOC

144. 细格栅是指栅间距(   )。

(A)小于 5 mm 的   (B)小于 10 mm 的

(C)小于 15 mm 的   (D)小于 20 mm 的

145. 活性污泥法的微生物生长方式是(   )。

(A)悬浮生长型   (B)固着生长型   (C)混合生长型   (D)以上都不是

146. 水质指标 BOD_5 的测定条件是(   )。

(A)20℃,5 天   (B)20℃,20 天

(C)25℃,5 天   (D)25℃,20 天

147. 泵的型号为 QW 型则此泵为(   )。

(A)真空泵   (B)混流泵   (C)潜水排污泵   (D)轴流泵

148. 混凝法处理废水,可以分为混合与反应两个过程,处理废水实际操作中(   )时间更长。

(A)混合   (B)反应   (C)一样   (D)不一定

149. 污泥浓缩是污泥脱水的初步过程,原污泥含水率为 99%浓缩后,含水率降为 96%,则污泥浓度是原来的(   )。

(A)1/3 倍　　　　　(B)3 倍　　　　　(C)0.03 倍　　　　　(D)0.3 倍

150. 接纳粗格栅间污水和反冲洗废水,调节全厂后续工艺流程的进水量的构筑物是( )。

(A)预处理池　　　(B)调节池　　　(C)细格栅间　　　(D)接触池

151. 曝气生物滤池的作用不包括( )。

(A)容纳被处理水　(B)围挡滤料　　(C)控制曝气量　　(D)承托滤料

152. 具有吸附架桥作用的是( )。

(A)复合铁铝　　　(B)助凝剂　　　(C)高锰酸钾　　　(D)聚丙烯酰胺

153. 下列( )对反硝化生物滤池处理的污水进一步净化,达到更好的水质指标。

(A)深度处理间　　(B)配水井　　　(C)甲醇储池　　　(D)紫外线消毒间

154. 下面不是影响吸附的因素的是( )。

(A)比表面积　　　(B)吸附质的性质　(C)溶液 pH 值　　(D)溶液量的多少

155. 下列( )是潜污泵常见故障。

(A)性能故障　　　　　　　　　　　(B)磨损腐蚀故障

(C)密封损坏故障　　　　　　　　　(D)泵杂声大,振动大

156. 下列( )不是影响冲洗效果的因素。

(A)冲洗强度　　　(B)水的温度　　(C)滤层膨胀度　　(D)冲洗时间

157. 下列( )不是影响生物膜法功能的主要因素。

(A)温度　　　　　(B)pH 值　　　(C)水力负荷　　　(D)COD

158. 影响过滤的主要原因不包括( )。

(A)来水浊度　　　(B)滤速　　　　(C)冲洗条件　　　(D)外界温度

159. 离心泵的常见故障不包括( )。

(A)性能故障　　　(B)磨损腐蚀故障　(C)密封损坏故障　(D)参数故障

160. 污水水样的保存方法不包括( )。

(A)物理保护　　　(B)化学保护　　(C)单独采样　　　(D)冷藏

161. 影响混凝效果的因素不包括( )。

(A)水力条件　　　(B)pH 值　　　(C)酸度　　　　　(D)碱度

162. 水质指标主要由三类组成,以下不属于这三类的有( )。

(A)物理性水质指标　　　　　　　　(B)生化性水质指标

(C)化学性水质指标　　　　　　　　(D)生物性水质指标

163. 沉淀的分类不包括( )。

(A)结块沉淀　　　(B)自由沉淀　　(C)区域沉淀　　　(D)压缩

164. 格栅每天截留的固体物重量占污水中悬浮固体量的( )。

(A)10%左右　　　(B)20%左右　　(C)30%左右　　　(D)40%左右

165. 凝聚、絮凝、混凝三者的关系为( )。

(A)混凝＝凝聚＝絮凝　　　　　　　(B)三者无关

(C)混凝＝凝聚＋絮凝　　　　　　　(D)絮凝＝混凝＋凝聚

166. 工业废水中的耗氧物质是指( )。

(A)有机物和无机物　　　　　　　　(B)能为微生物所降解的有机物

(C)还原性物质   (D)氧化性物质

167. 污水的生物处理,按作用的微生物,有(   )。

(A)好氧氧化   (B)厌氧还原

(C)好氧还原   (D)好氧氧化、厌氧还原

168. 下述条件中,肯定使反应速度加快的是(   )。

(A)升高温度   (B)减小生成物浓度

(C)增大压强   (D)减小接触面积

169. 长期露置在空气中,不变质的物质是(   )。

(A)生铁   (B)烧碱   (C)氯化钠   (D)石灰水

170. 实验室里,许多化学反应都是在溶液里进行的,其主要原因是(   )。

(A)操作比较简便   (B)反应较慢

(C)反应进行得快   (D)节省人力

171. 实验室配制一定量、一定浓度的盐酸,需使用的一组仪器是(   )。

(A)托盘天平、烧杯、玻璃棒、试管   (B)托盘天平、烧杯、玻璃棒、药匙

(C)烧杯、量筒、玻璃棒、胶头滴管   (D)酒精灯、烧杯、量筒、玻璃棒

172. 不慎把浓硫酸洒在皮肤上,正确的处理方法是(   )。

(A)先用水冲洗再涂上 3‰～5‰ 的碳酸氢钠溶液

(B)迅速涂上 3‰～5‰ 的氢氧化钠溶液

(C)应先用布拭去再用水冲洗最后涂上 3‰～5‰ 的碳酸钠溶液

(D)送医院急救

173. 根据测定原理和使用仪器的不同,分析方法可分为(   )。

(A)重量分析法和滴定分析法   (B)气体分析法和仪器分析法

(C)化学分析法和仪器分析法   (D)色谱分析法和质谱分析法

174. 天然水中的杂质在水中的存在状态主要决定于(   )。

(A)运动状况   (B)颗粒大小   (C)颗粒的形状   (D)水温

175. 天然水中的杂质肉眼可见的是(   )。

(A)胶体   (B)离子   (C)悬浮物   (D)细菌

176. 天然水中胶体杂质的颗粒大小一般在(   )。

(A)$10^{-7} \sim 10^{-6}$ mm   (B)$10^{-6} \sim 10^{-4}$ mm

(C)$10^{-9} \sim 10^{-6}$ mm   (D)$10^{-4} \sim 10^{-2}$ mm

177. 絮凝是在(   )和水快速混合以后的重要净水工艺过程。

(A)药剂   (B)氯气   (C)胶体   (D)助凝剂

178. 混凝剂和助凝剂大部分为(   )物质。

(A)气体   (B)液体   (C)固体   (D)气体和液体

179. 过滤是为了除掉水中存在的一小部分(   )。

(A)细小的悬浮杂质   (B)大矾花   (C)混凝剂   (D)助凝剂

180. 滤池的滤料多采用(   )和石英质黄砂组成双层滤料。

(A)石英砂   (B)白煤   (C)焦炭   (D)硅土

181. 对水作氯化消毒时,常用的氯为(   )和漂白粉。

(A)氯气　　　　　　　　(B)液氯　　　　　　　　(C)次氯酸　　　　　　　　(D)盐酸

182. 滴定分析时,加入标准溶液的物质的量与待测组分的物质的量符合(　　)关系。

(A)物质的量相等的　　　　　　　　　　　(B)质量相等的

(C)体积相等的　　　　　　　　　　　　　(D)反应式的化学计量

183. 将标准溶液从滴定管滴加到被测物质溶液中的操作过程称为(　　)。

(A)标定　　　　　　　　(B)滴定　　　　　　　　(C)滴加　　　　　　　　(D)溶液转移

184. 水中溶解氧的含量与(　　)有密切的联系。

(A)大气压　　　　　　　(B)水温　　　　　　　　(C)氯化物　　　　　　　(D)色度

185. 测定工业循环水总磷含量时试样用(　　)消解。

(A)过硫酸　　　　　　　(B)浓硝酸　　　　　　　(C)过硫酸钾　　　　　　(D)高锰酸钾

186. 测定工业循环水总磷含量,试样被消解后使所含磷全部氧化为(　　)。

(A)磷酸　　　　　　　　(B)正磷酸盐　　　　　　(C)无机磷酸盐　　　　　(D)有机磷酸盐

187. 工业循环水总磷测定中,试样消解后在(　　)介质中,正磷酸盐与钼酸铵反应。

(A)弱酸性　　　　　　　(B)中性　　　　　　　　(C)碱性　　　　　　　　(D)酸性

188. 总磷试样用过硫酸钾消解过程中,相应温度为120℃时保持(　　)后停止加热。

(A)1 min　　　　　　　(B)30 s　　　　　　　　(C)30 min　　　　　　　(D)15 min

189. 总磷测定中采用硝酸-高氯酸消解法消解试样时,必须先加(　　)消解后,再加入硝酸-高氯酸进行消解。

(A)盐酸　　　　　　　　(B)硝酸　　　　　　　　(C)磷酸　　　　　　　　(D)高氯酸

190. 总磷和无机磷酸盐测定均采用(　　)。

(A)目视比色分析法　　　　　　　　　　　(B)钼酸铵分光光度法

(C)色谱法　　　　　　　　　　　　　　　(D)原子吸收法

191. 浊度的测定方法适用(　　)浊度的水质。

(A)高　　　　　　　　　(B)低　　　　　　　　　(C)中　　　　　　　　　(D)微

192. 水样中悬浮物含量越高,(　　)越大,其透明度越低。

(A)色度　　　　　　　　(B)浊度　　　　　　　　(C)透明度　　　　　　　(D)温度

193. 水中氨氮的来源主要为生活污水中(　　)受微生物作用的分解产物。

(A)硝酸盐　　　　　　　(B)亚硝酸盐　　　　　　(C)含氮化合物　　　　　(D)合成氨

194. 蒸馏氨氮水样时,接收瓶中装入(　　)溶液作为吸收液。

(A)硼酸　　　　　　　　(B)硝酸　　　　　　　　(C)盐酸　　　　　　　　(D)乙酸

195. 待测氨氮水样中含有硫化物,可加入(　　)后再行蒸馏。

(A)$CuSO_4$　　　　　　(B)$Cu(NO_3)_2$　　　　(C)$Pb(NO_3)_2$　　　　(D)$PbCO_3$

三、多项选择题

1. 维持厌氧生物反应器内有足够碱度的措施有(　　)。

(A)投加碱源　　　　　　(B)投加碳源　　　　　　(C)投加氮源　　　　　　(D)提高回流比

2. 下列有关有毒物质对厌氧生物处理的影响说法正确的是(　　)。

(A)过量的重金属不会引起反应器失效

(B)带有醛基、双键、氯取代基及苯环等结构的物质往往对厌氧微生物有抑制

(C)过量硫化物会对厌氧处理过程产生强烈的抑制作用

(D)氨浓度过高时,不会对厌氧微生物产生抑制作用

3. 下列有关厌氧生物处理和好氧生物处理说法正确的是( )。

(A)厌氧过程比好氧过程对温度变化,尤其是对低温更加敏感

(B)将乙酸转化为甲烷的甲烷菌比产乙酸菌对温度更加敏感

(C)产酸菌的代谢速率受温度影响比甲烷菌受到的影响大

(D)低温条件下,产酸菌产生挥发酸慢于甲烷菌将挥发酸转化为甲烷

4. 温度对厌氧生物处理的影响的体现包括( )。

(A)铁等微量元素对厌氧菌的激活性　　　(B)控制代谢速率

(C)电离平衡　　　　　　　　　　　　　(D)有机基质及脂肪的溶解性

5. 厌氧生物处理中的消化类型包括( )。

(A)中温消化　　　(B)高温消化　　　(C)低温消化　　　(D)常温消化

6. 厌氧生物反应器沼气的产率偏低的原因包括( )。

(A)反应器内温度偏高　　　　　　　　　(B)生物相的影响

(C)进水 COD 的构成发生变化　　　　　(D)进水 COD 浓度下降

7. 下列有关厌氧生物处理反应器启动时的注意事项说法正确的有( )。

(A)厌氧生物处理反应器在投入运行前,必须进行充水试验和气密性试验

(B)厌氧生物处理反应器因为微生物增殖缓慢,但不需较长启动时间

(C)启动初期,水力负荷高不会引起污泥的流失

(D)厌氧活性污泥最好从处理同类污水的正在运行的厌氧处理构筑物中取得

8. 下列有关厌氧生物处理的运行管理注意事项说法正确的有( )。

(A)厌氧消化过程仅存在一个最佳温度范围

(B)污泥负荷要适当

(C)当被处理污水浓度较高时,可以采取出水回流的运行方式

(D)沼气不需要排出

9. 厌氧污泥培养成熟后的特征包括( )。

(A)呈深灰到黑色　　　　　　　　　　　(B)pH 值在 7.0～7.5

(C)污泥容易脱水干化　　　　　　　　　(D)对污水的处理效果高,产气量小

10. 厌氧生物反应器的控制指标包括( )。

(A)有机负荷　　　　　　　　　　　　　(B)氧化还原电位

(C)丙酸盐和乙酸盐浓度比　　　　　　　(D)适宜的 pH 值

11. 厌氧生物反应器维持高效的基本条件包括( )。

(A)充足的代谢时间　　　　　　　　　　(B)适宜的 pH 值

(C)必要的微量营养元素　　　　　　　　(D)合适的温度

12. 消化池中污泥搅拌的方式包括( )。

(A)气体搅拌法　　　(B)液体搅拌法　　　(C)泵循环法　　　(D)机械搅拌法

13. 下列属于厌氧生物滤池的组成部分的有( )。

(A)排泥装置　　　(B)滤料　　　(C)布水系统　　　(D)布气系统

14. 厌氧生物滤池中常用的滤料包括( )。

(A)实心块状滤料　　(B)空心块状滤料　　(C)双层滤料　　　(D)单层滤料

15. 下列属于升流式厌氧污泥床(UASB)反应器的组成部分的是(　　)。

(A)布气系统　　　(B)曝气系统　　　(C)进水配水系统　　(D)三相分离器

16. 升流式厌氧污泥床(UASB)的进水分配系统进水方式包括(　　)。

(A)间歇式　　　　(B)移动式　　　　(C)固定式　　　　(D)连续流

17. 下列属于厌氧生物转盘特点的是(　　)。

(A)微生物浓度高、有机负荷高,水力停留时间短

(B)污水沿水平方向流动,反应槽高度大

(C)不会发生堵塞,可处理含较高悬浮固体的有机污水

(D)运行管理复杂

18. 厌氧内循环反应器的构成包括(　　)。

(A)混合区　　　(B)污泥膨胀床区　　(C)内循环系统　　(D)沉淀区

19. 厌氧膨胀颗粒污泥床(EGSB)反应器的组成部分包括(　　)。

(A)进水配水系统　　(B)反应区　　　(C)三相分离区　　(D)排泥系统

20. 二段式厌氧处理的特点包括(　　)。

(A)有机负荷率低　　　　　　　　　(B)能承受 pH 值、毒物等的冲击

(C)消化气中甲烷含量低　　　　　　(D)运行稳定可靠

21. 下列能使 UASB 反应器内出现颗粒污泥的方法有(　　)。

(A)直接接种法　　(B)间接接种法　　(C)间接培养法　　(D)直接培养法

22. 下列有关直接培养法培养污泥的注意事项说法正确的是(　　)。

(A)直接培养时不可以使用非颗粒性厌氧污泥

(B)直接培养时可以使用经过陈化的好氧剩余污泥

(C)为使颗粒污泥尽快形成,开始进水时 COD 一般要低于 5 000 mg/L

(D)培养能长期在低负荷下运行

23. 使用生物处理法时,要保持进水中(　　)的一定含量。

(A)溶解氧　　　　(B)N　　　　　　(C)P　　　　　　(D)一些无机盐

24. 下列有关液氯消毒运行管理要求说法正确的是(　　)。

(A)污水处理采用加氯消毒时,加氯量应视进水水质和水量具体情况而定

(B)加氯间长期不用时,要做好设备防腐处理,氯瓶不用退回厂家

(C)加氯操作必须符合现行的《氯气安全规定》的规定

(D)设备启动前应检查加氯设备,做好准备工作

25. 下列有关加氯间运行管理规定说法正确的是(　　)。

(A)加氯量应根据实际情况按需确定

(B)室外使用氯气瓶时,必须有遮阳措施

(C)当二沉池出水水质发生变化时,不必调整加氯量

(D)加氯间室内温度宜保持在 25～30℃

26. 下列有关二氧化氯消毒器原材料的使用及存放说法正确的是(　　)。

(A)将氯酸钠与水 2∶1 的质量比混合,用泵送入氯酸钠料罐中

(B)设备使用的盐酸必须选用总酸度大于等于 31% 的盐酸

(C)氯酸钠应存放在干燥、通风、避光处

(D)结块的氯酸钠可以撞碎后使用

27. 下列有关二氧化氯消毒安全操作说法正确的是（　　）。

(A)设备所用原料氯酸钠和盐酸可以放在一起保存

(B)加药间内部设置有排风地沟，在工作前应通风 5～10 min

(C)检查设备各部件是否正常，有无泄漏

(D)加氯间应配有合格的防毒面具、抢修工具、抢修材料、检漏氨水等

28. 下列有关次氯酸钠消毒运行管理说法正确的是（　　）。

(A)污水处理后采用投加次氯酸钠消毒时，其投加量应根据实际确定

(B)当二沉池水质发生变化时，应及时调整投加量

(C)出水余氯一般应控制在 1.5～2.0 mg/L，接触时间大于 30 min

(D)次氯酸钠存放在阴凉、通风、干燥处，室内温度不宜超过 20℃

29. 下列有关次氯酸钠消毒安全操作说法正确的是（　　）。

(A)遇泄漏应迅速撤离泄漏污染区域，并采取相应措施

(B)发生火情时，不可采用二氧化碳灭火

(C)次氯酸钠为腐蚀品，操作人员在高浓度环境中应佩戴正确的劳保用品

(D)如操作中遇皮肤接触、眼睛接触、吸入、食入等，应迅速采取相应措施

30. 影响生物膜法的布水、布气不均匀的因素包括（　　）。

(A)进水水质　　　　　(B)污泥　　　　　(C)溶解氧　　　　　(D)流速

31. 活性污泥处理系统中的指示性生物指的是（　　）。

(A)后生动物　　　　　(B)藻类　　　　　(C)真菌　　　　　(D)原生动物

32. 废水的混凝沉淀主要是为了（　　）。

(A)调节 pH 值　　　　　　　　　　(B)去除胶体物质

(C)去除细微悬浮物　　　　　　　　(D)去除多种较大颗粒的悬浮物，使水变清

33. 以下哪个是选择生物膜填料的要求（　　）。

(A)使用寿命　　　　　　　　　　(B)价格因素

(C)与污水的性质及浓度是否匹配　　(D)材料的颜色

34. 下列关于格栅设置位置的说法中不正确的是（　　）。

(A)沉砂池出口处　　　　　　　　(B)泵房集水井的进口处

(C)曝气池的进口处　　　　　　　(D)泵房的出口处

35. 生物处理方法的主要目的是去除水中的（　　）。

(A)悬浮状态的固体污染物质　　　　(B)胶体状态的有机污染物质

(C)溶解状态的有机污染物质　　　　(D)所有的污染物质

36. 对于电渗析处理方法下列正确的说法是（　　）。

(A)电渗析是在电场的作用下，利用阴、阳离子交换膜对溶液中的阴、阳离子选择透过性，
　　使溶质与水进行分离的一种物理化学过程

(B)对处理的水不需要进行预处理，不需要进行软化，不需要去除钙、镁等离子

(C)在电子工业中用于给水处理和循环水处理

(D)适用于超纯水的制备

37. 下列不是紫外线消毒方法特点的是(　　)。
(A)消毒速度慢,效率低
(B)操作简单、成本低廉,但是易产生致癌物质
(C)能穿透细胞壁与细胞质发生反应而达到消毒的目的
(D)不影响水的物理性质和化学性质,不增加水的臭味

38. 关于UASB进水配水系统描述错误的是(　　)。
(A)进水必须在反应器顶部,均匀分配,确保各单位面积的进水量基本相同
(B)应防止短路和表面负荷不均匀的现象发生
(C)应防止具有生物活性的厌氧污泥流失
(D)在满足污泥床水力搅拌的同时,应充分考虑水力搅拌和反映过程产生的沼气搅拌

39. 厌氧活性污泥培养的主要目标是厌氧消化所需要的(　　)。
(A)乙酸菌　　　　(B)甲烷菌　　　　(C)酵母菌　　　　(D)产酸菌

40. 为了使沉淀污泥与水分离,在沉淀池底部应设置(　　),迅速排出沉淀污泥。
(A)排泥设备　　　　(B)刮泥设备　　　　(C)曝气装置　　　　(D)排浮渣装置

41. 活性污泥法净化污水的过程包括(　　)。
(A)吸附　　　　(B)代谢　　　　(C)氧化　　　　(D)固液分离

42. 下列属于活性污泥系统的是(　　)。
(A)初沉池　　　　(B)滤池　　　　(C)曝气池　　　　(D)外回流

43. 下列有关活性污泥法有效运行的基本条件说法正确的是(　　)。
(A)曝气池中的混合液有一定量的溶解氧
(B)活性污泥在曝气池内呈沉淀状态
(C)污水中含有足够的胶体状和溶解性易生物降解的有机物
(D)污水中有毒有害物质的含量没有具体要求

44. 格栅按形状可分为(　　)。
(A)平面格栅　　　　(B)曲面格栅　　　　(C)凹面格栅　　　　(D)球面格栅

45. 曲面格栅可以分为(　　)。
(A)移动曲面格栅　　　　　　　　(B)固定曲面格栅
(C)旋转鼓筒式格栅　　　　　　　(D)机械曲面格栅

46. 活性污泥净化反应过程包括(　　)。
(A)活性污泥中微生物的增殖　　　　(B)初期吸附去除
(C)微生物的代谢　　　　　　　　　(D)活性污泥再生

47. 活性污泥初期吸附去除速度取决于(　　)。
(A)反应器内溶解氧的多少　　　　　(B)微生物的多少
(C)微生物的活性程度　　　　　　　(D)反应器内水力扩散程度与水力学的规律

48. 影响微生物生理活动的因素包括(　　)。
(A)营养物质　　　　(B)温度　　　　(C)BOD　　　　(D)COD

49. 下列有关活性污泥处理系统能够达到的各项目标说法正确的是(　　)。
(A)被处理的原污水的水质、水量得到控制,使其能够适应活性污泥处理系统
(B)在混合液中保持饱和溶解氧含量

(C)在曝气池内活性污泥、有机污染物、溶解氧三者能充分接触

(D)具有活性的活性污泥量相对稳定

50.下列有关 SVI 的说法正确的是(　　　)。

(A)SVI 值过高,说明污泥的沉降性良好

(B)SVI 表示污泥容积指数

(C)SVI 值不能反应活性污泥的凝聚性

(D)SVI 值过低,说明泥粒细小,无机质含量高

51.下列关于好氧塘的设计说法正确的是(　　　)。

(A)好氧塘只可以并联运行,不可以串联运行

(B)好氧塘可作为独立的污水处理技术,也可以作为深度处理技术

(C)好氧塘分格不宜少于两格

(D)好氧塘表面积必须为矩形

52.下列有关厌氧塘的注意事项说法正确的是(　　　)。

(A)厌氧塘上形成的浮渣层不需清理

(B)厌氧塘不可以代替初沉池

(C)厌氧塘必须做好防渗措施,以免大深度厌氧塘污染地下水

(D)厌氧塘应当远离住宅区,距离一般应在 500 m 以上

53.下列有关厌氧塘的设计说法正确的是(　　　)。

(A)对于厌氧塘,采用 BOD 容积负荷率为宜

(B)对于厌氧塘,有机物厌氧降解速率不是停留时间的函数

(C)对于厌氧塘,有机物厌氧降解速率与塘面积关系很大

(D)厌氧塘为了维持其厌氧条件,应规定其最低容许 BOD 表面负荷率

54.下列有关液氯消毒的说法正确的是(　　　)。

(A)效果可靠,投配设备简单　　　　　(B)投量准确,价格便宜

(C)不适用于大、中型污水处理厂　　　(D)氯化不会生成致癌物质

55.下列有关臭氧消毒的说法正确的是(　　　)。

(A)投资小,成本低

(B)设备管理简单

(C)不产生难处理的或生物积累性残余物

(D)适用于出水水质较好,排入水体的卫生条件要求高的污水处理厂

56.下列有关活性炭法运行管理的注意事项说法正确的是(　　　)。

(A)选用活性炭时,不必考虑其机械强度

(B)必须保证活性炭吸附法进水水质不能超过设计值

(C)活性炭与普通碳钢接触不会发生电化学腐蚀

(D)与活性炭接触的部件要使用钢筋混凝土结构或不锈钢、塑料等材料

57."复苏"被有机物污染的离子交换树脂的方法包括(　　　)。

(A)碱性氯化钠复苏法　　　　　　　(B)有机溶剂复苏法

(C)表面活性剂复苏法　　　　　　　(D)氧化剂复苏法

58.下列对于防止离子交换树脂有机物污染的说法正确的是(　　　)。

(A)当水中有机物含量很大时,采用加氯处理可去除 90% 的有机物

(B)当水中悬浮状和胶体状有机物含量过多时,可采用混凝、澄清、过滤等

(C)对于剩余的有机物,可采用活性炭吸附剂去除

(D)最后残留的少量胶体有机物和部分溶解有机物可在除盐系统中采用小孔树脂予以去除

59. 下列有关阳树脂污染原因说法错误的是(　　)。

(A)原水带油不会导致阳树脂污染

(B)顶压空气带油会导致阳树脂污染

(C)原水过滤残存的絮凝物、悬浮体、泥砂及微量有机物会导致阳树脂污染

(D)铜等金属离子氧化作用不会导致阳树脂污染

60. 阳树脂污染后的特征包括(　　)。

(A)树脂呈黄色　　　　　　　　　　(B)反洗时树脂损失量增大

(C)树脂工作交换容量上升　　　　　(D)制水周期缩短

61. 硫化物沉淀法中常用的沉淀剂有(　　)。

(A)Na_2S　　　　(B)$NaHS$　　　　(C)K_2S　　　　(D)H_2S

62. 钡盐沉淀法中常用的沉淀剂有(　　)。

(A)碳酸钡　　　　(B)氯化钡　　　　(C)硫酸钡　　　　(D)氧化钡

63. 下列物质中可作为氧化剂的有(　　)。

(A)氯气　　　　(B)二价镁　　　　(C)二价铁　　　　(D)高锰酸钾

64. 下列物质中可作为还原剂的有(　　)。

(A)氧气　　　　(B)二氧化硫　　　　(C)二价铁　　　　(D)二氧化锰

65. 影响氧化还原反应进行的因素有(　　)。

(A)pH 值　　　　　　　　　　(B)温度

(C)湿度　　　　　　　　　　(D)氧化剂和还原剂浓度

66. 均质调节池的混合方式包括(　　)。

(A)手动搅拌　　　　(B)加药搅拌　　　　(C)机械搅拌　　　　(D)空气搅拌

67. 沉砂池的类型包括(　　)。

(A)平流式　　　　(B)竖流式　　　　(C)辐流式　　　　(D)网格式

68. 下列有关沉砂池的说法正确的是(　　)。

(A)沉砂池超高不宜小于 0.4 m

(B)沉砂池个数或分格数不应该少于 3 个

(C)沉砂池去除对象是密度为 2.65 kg/cm^3、粒径在 0.2 mm 以上的砂粒

(D)人工排砂管管直径大于 200 mm

69. 平流沉砂池的基本要求包括(　　)。

(A)池底坡度 0.01~0.02　　　　　　(B)每格宽度不小于 0.5 m

(C)有效水深一般为 0.25~0.5 m　　　(D)最大流量时停留时间一般为 30~60 s

70. 影响污水生物处理的因素包括(　　)。

(A)负荷　　　　(B)温度　　　　(C)pH 值　　　　(D)色度

71. 影响平流式沉淀池沉淀效果的因素有(　　)。

(A)水流状况　　　(B)沉淀池分格数　　　(C)药剂投加量　　　(D)凝聚作用

72. 二沉池常规检测项目有（　　）。

(A)悬浮物　　　(B)色度　　　(C)溶解氧　　　(D)COD

73. 二沉池出水 BOD 和 COD 突然升高的原因有（　　）。

(A)水温突然升高　　　　　　　　(B)污水水量突然增大

(C)曝气池管理不善　　　　　　　(D)二沉池管理不善

74. 影响硝化过程的因素有（　　）。

(A)污泥沉降比　　　(B)温度　　　(C)pH 值和碱度　　　(D)溶解氧

75. 影响反硝化过程的因素有（　　）。

(A)碳源有机物　　　(B)碳氮比　　　(C)污泥龄　　　(D)碱度

76. 下列关于涡凹气浮说法正确的是（　　）。

(A)涡凹气浮结构复杂，占地面积大

(B)涡凹气浮系统由曝气装置、刮渣装置和排渣装置组成

(C)涡凹气浮主要用于去除工业或城市污水中的油脂、胶状物及固体悬浮物

(D)涡凹气浮又称为旋切气浮

77. 下列关于溶气泵气浮的说法正确的是（　　）。

(A)溶气泵气浮产生气泡小，能耗低

(B)溶气泵气浮设备包括絮凝室、接触室、分离室、刮渣装置、溶气泵、释放管

(C)溶气泵气浮产生气泡直径一般在 40～80 μm

(D)溶气泵气浮附属设备多

78. 气浮池的形式有（　　）。

(A)平流式　　　(B)竖流式　　　(C)辐流式　　　(D)综合式

79. 下列有关气浮刮渣机的说法正确的是（　　）。

(A)尺寸较大的矩形气浮池通常采用链条刮渣机

(B)尺寸较大的矩形气浮池通常采用桥式刮渣机

(C)圆形气浮池采用行星式刮渣机

(D)刮渣机的行进速度要控制在 100～200 mm/s

80. 污水处理系统中常用的滤池形式有（　　）。

(A)纤维素滤池　　　　　　　　(B)单层滤料滤池

(C)双层滤料滤池　　　　　　　(D)三层滤料滤池

81. 活性炭吸附设备形式包括（　　）。

(A)固定床　　　(B)移动床　　　(C)流化床　　　(D)自动床

82. 常用的活性炭再生方法有（　　）。

(A)反冲洗再生　　　(B)化学洗涤再生　　　(C)微波再生　　　(D)化学氧化再生

83. 下列关于活性炭法运行管理的说法正确的是（　　）。

(A)在选用活性炭时，必须综合考虑吸附性能、机械强度、价格和再生性能

(B)活性炭表面多呈酸性

(C)在使用粉末活性炭时，所有作业都必须考虑防火防爆

(D)活性炭法对水质没有要求

84. 新树脂在使用前的处理方法包括( )。
(A)用清水处理 (B)用盐水处理
(C)用稀盐酸处理 (D)用浓盐酸处理

85. 离子交换法常用的设施包括( )。
(A)预处理设施 (B)离子交换设施
(C)树脂再生设施 (D)电控仪表

86. 影响离心泵性能的因素包括( )。
(A)泵的结构和尺寸 (B)泵的转速
(C)运行温度 (D)运行时间

87. 以下( )是泵的性能参数。
(A)流量 (B)扬程 (C)功率 (D)转速

88. 细菌按形状分为( )三类。
(A)球菌 (B)杆菌 (C)螺旋菌 (D)放线菌

89. 下列说法正确的是( )。
(A)微生物形体微小、结构简单、肉眼可见
(B)微生物有分布广,种类繁多等特点
(C)微生物必须通过电子显微镜或光学显微镜才能观察到
(D)细菌不属于微生物

90. 原生动物的营养类型有( )。
(A)厌氧型 (B)全动型 (C)植物型 (D)腐生型

91. 活性污泥性能指标包括( )。
(A)污泥龄 (B)污泥容积指数 (C)污泥体积 (D)污泥沉降比

92. 活性污泥净化污水的过程包括( )。
(A)过滤、消毒过程 (B)絮凝、吸附过程
(C)分解、氧化过程 (D)沉淀、浓缩过程

93. 常用的培养活性污泥的方法包括( )。
(A)自然培养 (B)连种培养 (C)培养基培养 (D)生物培养

94. 驯化活性污泥的方法包括( )。
(A)同步驯化 (B)人工驯化 (C)药剂驯化 (D)接种驯化

95. 下列关于活性污泥法有效运行的基本条件叙述正确的是( )。
(A)污水中含有足够的胶体状和溶解性易生物降解的有机物
(B)曝气池中的混合液有一定量的溶解氧
(C)活性污泥在曝气池中呈漂浮状态
(D)污水中有毒有害物质的含量在一定浓度范围内

96. 影响生物除磷效果的因素有( )。
(A)溶解氧 (B)温度 (C)污泥沉降比 (D)pH 值

97. 生物膜法在污水处理方面的优势有( )。
(A)对水质和水量有较强的适应性 (B)沉降性能好
(C)适合处理低浓度污水 (D)容易运行与维护

98. 下列关于曝气生物滤池说法正确的是(　　)。
(A)曝气生物滤池最简单的曝气装置为穿孔曝气管
(B)曝气生物滤池的布气系统不包括气水联合反冲洗时的供气系统
(C)曝气生物滤池对滤料的要求是兼有较小的比表面积和孔隙率
(D)曝气生物滤池的进水配水设施没有一般滤池那么讲究

99. 污水厌氧生物处理阶段包括(　　)。
(A)氧化阶段　　　　　　　　　　(B)水解发酵阶段
(C)产氢产乙酸阶段　　　　　　　(D)还原阶段

100. 厌氧生物处理的影响因素有(　　)。
(A)浊度　　　　　(B)色度　　　　　(C)温度　　　　　(D)有机负荷

101. 滤池反冲洗的作用有(　　)。
(A)反冲洗使滤池恢复工作性能,继续工作
(B)反冲洗能恢复滤料层的纳污能力
(C)反冲洗可以避免有机物腐败
(D)反冲洗能加强滤池过滤效果

102. 滤池反冲洗的方法有(　　)。
(A)用水进行反冲洗　　　　　　　(B)用水反冲洗辅助以空气擦洗
(C)用空气进行擦洗　　　　　　　(D)用气-水联合冲洗

103. 下列关于过滤运行管理注意事项正确的是(　　)。
(A)在滤速一定的条件下,过滤周期的长短基本不受水温影响
(B)在滤料层一定的条件下,反冲洗强度和历时不受原水水质影响
(C)一般在滤料粒径和级配一定时,最佳滤速与待处理水的水质有关
(D)过滤运行周期的确定一般有三种方法

104. 滤池辅助反冲洗的方式有(　　)。
(A)人工辅助清洗　　　　　　　　(B)表面辅助冲洗
(C)空气辅助清洗　　　　　　　　(D)机械翻动辅助清洗

105. 过滤出水水质下降的原因包括(　　)。
(A)滤料级配不合理　　　　　　　(B)滤速过大
(C)反冲洗时间短　　　　　　　　(D)配水不均匀

106. 离子交换法运行管理注意事项包括(　　)。
(A)悬浮物和油脂　　(B)有机物　　(C)pH 值　　　　(D)碱度

107. 污泥的处理工艺包括(　　)。
(A)污泥浓缩　　　　　　　　　　(B)污泥消化
(C)污泥脱水　　　　　　　　　　(D)污泥干化、焚烧

108. 按污水的处理方法或污泥从污水中分离的过程,可将污泥分为(　　)。
(A)剩余活性污泥　　(B)初沉污泥　　(C)腐殖污泥　　　(D)化学污泥

109. 按污泥的不同产生阶段,可将污泥分为五类,下列选项中属于这五类的是(　　)。
(A)化学污泥　　　(B)生污泥　　　　(C)干燥污泥　　　(D)初沉污泥

110. 污泥处理与处置的目的包括(　　)。

(A)减量化　　　　(B)节能化　　　　(C)安全化　　　　(D)稳定化

111. 按操作温度不同,污泥厌氧消化包括( )。

(A)低温消化　　　(B)中温消化　　　(C)高温消化　　　(D)恒温消化

112. 下列有关污泥厌氧消化池的基本要求说法正确的是( )。

(A)一级消化池的液位高度必须能满足污泥自流到二级消化池的需要

(B)大型消化池集气罩的直径和高度最好分别大于 5 m 和 3 m

(C)池四周壁和顶盖必须采取保暖措施

(D)一级消化池和二级消化池的停留时间之比可以是 4:1

113. 下列不属于影响污泥厌氧消化的因素是( )。

(A)温度　　　　(B)pH 值　　　　(C)色度　　　　(D)有毒物质

114. 引起富营养化的物质是( )。

(A)硫化物　　　　(B)氮　　　　(C)磷　　　　(D)有机物

115. 下列生物处理工艺,属于生物膜法的是( )。

(A)生物转盘　　　(B)曝气生物滤池　　(C)氧化沟　　　(D)生物流化床

116. 关于曝气池的维护管理,下列说法正确的是( )。

(A)应调节各池进水量,使各池均匀配水

(B)当曝气池水温低时,应适当减短曝气时间

(C)应通过调整污泥负荷、污泥龄等方式控制其运行方式

(D)合建式的完全混合式曝气池的回流量,可通过调节回流闸进行调节

117. 下列属于生物接触氧化法特征的是( )。

(A)抗冲击能力强　　　　　　　(B)剩余污泥量少

(C)生物膜易脱落,造成堵塞　　　(D)用污泥回流来保证系统中的生物量

118. 下列试剂是常用的混凝剂的是( )。

(A)三氯化铁　　　(B)聚合氯化铝　　(C)聚丙烯酰胺　　(D)氢氧化钠

119. 下列关于电解法处理污水描述错误的是( )。

(A)电解法是在直流电场作用下,利用电极上产生的氧化还原反应,去除水中污染物的
　　方法

(B)用于进行电解的装置叫电解槽

(C)电解法是在交流电场作用下,利用电极上产生的交替的氧化和还原作用,使污染物得
　　到去除

(D)电解装置阳极与电源的负极相连,阴极与电极的正极相连

120. 要使气浮过程有效地去除废水中污染物,必须具备的条件是( )。

(A)有足够的溶解空气量　　　　(B)形成微小气泡

(C)有足够的停留时间　　　　　(D)被去除污染物比水重

121. 生物膜法的工艺类型很多,根据生物膜反应器附着生长载体的状态,生物膜反应器
可以规划分为( )两大类。

(A)间歇式　　　(B)分流式　　　(C)固定床　　　(D)流动床

122. 污泥的厌氧消化中,甲烷菌的培养与驯化方法主要有两种,即( )。

(A)间接培养　　　(B)接种培养　　　(C)逐步培养　　　(D)直接培养

123. 污泥处理的目标为(　　)。

(A)减量化　　　　　(B)资源化　　　　　(C)无害化　　　　　(D)稳定化

124. 水质指标 BOD_5 的测定条件是(　　)。

(A)20℃　　　　　(B)20 天　　　　　(C)25℃　　　　　(D)5 天

125. 生物处理法按照微生物生长方式可分为(　　)。

(A)营养生长　　　　　(B)悬浮生长　　　　　(C)固着生长　　　　　(D)分裂生长

126. 下列有关平流沉砂池的说法正确的是(　　)。

(A)截留无机颗粒效果差　　　　　　　(B)工作稳定

(C)构造简单　　　　　　　　　　　　(D)排沉砂比较麻烦

127. 下列有关平流沉砂池的设计参数问题说法正确的有(　　)。

(A)平流沉砂池的设计参数是按照去除比重 2.65,去除粒径大于 0.2 mm 设计的

(B)当污水用水泵抽升入池时,按工作水泵的平均组合流量计算

(C)最大设计流量时,污水在池内的停留时间不少于 20 s

(D)当污水自流入池内时,应按照最大设计流量计算

128. 平流沉砂池的排砂装置包括(　　)。

(A)人工排砂　　　　(B)重力排砂　　　　(C)机械排砂　　　　(D)重力机械排砂

129. 沉淀池按工艺布置的不同可分为(　　)。

(A)初次沉淀池　　　　(B)平流沉淀池　　　　(C)竖流沉淀池　　　　(D)二次沉淀池

130. 下列属于活性污泥的组成物质是(　　)。

(A)具有代谢功能活性的生物群体

(B)微生物内源代谢、自身氧化的残留物

(C)由污水挟入的有机物

(D)由原污水挟入的难为细菌降解的惰性有机物质

131. 下列关于传统活性污泥法处理系统说法正确的是(　　)。

(A)曝气池首段有机污染物负荷高　　　(B)对水质、水量变化的适应能力差

(C)耗氧速度沿池长不变　　　　　　　(D)曝气池容积小,占地面积小

132. 下列关于阶段曝气活性污泥法系统说法正确的是(　　)。

(A)曝气池内有机污染物负荷及需氧率不平衡

(B)该曝气池的设计不利于二沉池的固液分离

(C)污水分散均衡注入,提高了曝气池对水质、水量冲击负荷的适应能力

(D)混合液中活性污泥浓度沿池长逐步降低

133. 下列有关好氧塘说法正确的是(　　)。

(A)净化功能较高　　　　　　　　　　(B)有机污染物降解速率高

(C)污水在塘内停留时间长　　　　　　(D)占地面积小

134. 根据有机物负荷率的高度好氧塘可分为(　　)。

(A)低负荷好氧塘　　　　　　　　　　(B)高负荷好氧塘

(C)普通好氧塘　　　　　　　　　　　(D)深度处理好氧塘

135. 下列关于高负荷好氧塘说法正确的是(　　)。

(A)高负荷好氧塘有机物负荷率高

(B)高负荷好氧塘仅适用于气候温暖、阳光充足的地区

(C)高负荷好氧塘污水停留时间长

(D)高负荷好氧塘塘水中藻类浓度低

136. 下列有关次氯酸钠消毒说法错误的是(　　　)。

(A)需要次氯酸钠投配设备　　　　　　　(B)适用于大、中型污水厂

(C)不需要有次氯酸钠发生器　　　　　　(D)使用方便,投量容易控制

137. 下列有关紫外线消毒的说法错误的是(　　　)。

(A)适用于大、中型水厂　　　　　　　　(B)电能消耗量过多

(C)消毒效率低　　　　　　　　　　　　(D)紫外线照射与氯化共同作用

138. 在二级处理水中,氮的存在形式包括(　　　)。

(A)游离氮　　　　　(B)氨态氮　　　　　(C)亚硝酸氮　　　　　(D)硝酸氮

139. 下列属于活性炭加热再生步骤的有(　　　)。

(A)脱水　　　　　　(B)反冲洗　　　　　(C)干燥　　　　　　(D)炭化

140. 下列有关阴树脂污染原因说法正确的是(　　　)。

(A)进水中含有各种大分子有机物　　　　(B)低分子量的有机物

(C)来自阳树脂的降解产物　　　　　　　(D)水中存在的细菌等微生物

141. 被污染的强碱阴树脂可出现的特征包括(　　　)。

(A)树脂含水量增加

(B)工作交换容量上升

(C)外观颜色从开始的浅黄逐渐变成淡棕色、深棕色、棕褐色、黑褐色

(D)再生后的强碱阴树脂,其冲洗水量会明显增大

142. 下列有关离子交换再生剂的选择说法正确的是(　　　)。

(A)再生剂是根据离子交换树脂的性能不同而有区分地选择

(B)强酸性阳树脂可用盐酸或硫酸等强酸,不宜采用硝酸

(C)弱酸性阳树脂可以采用盐酸、硫酸,但不能采用 NH_3

(D)弱碱性阴树脂可以用氢氧化钠或碳酸钠,但不能采用 NH_3

143. 下列属于阳离子交换树脂的再生剂的是(　　　)。

(A)盐酸　　　　　　(B)硝酸　　　　　　(C)硫酸　　　　　　(D)硼酸

144. 下列属于阴离子交换树脂的再生剂的是(　　　)。

(A)硫化钠　　　　　(B)氢氧化钠　　　　(C)碳酸氢钠　　　　(D)氯化钠

145. 活性污泥中的原生动物的类群有(　　　)。

(A)肉足类　　　　　(B)鞭毛类　　　　　(C)纤毛类　　　　　(D)甲壳类

146. 细菌生长繁殖包括以下哪几个阶段(　　　)。

(A)停滞期　　　　　(B)对数期　　　　　(C)静止期　　　　　(D)衰亡期

147. 污水按其来源分为(　　　)。

(A)生活污水　　　　(B)工业污水　　　　(C)城市污水　　　　(D)初期雨水

148. 污水按水中的主要污染成分可分为(　　　)。

(A)有机污水　　　　(B)无机污水　　　　(C)综合污水　　　　(D)工业污水

149. 污水水质常用的指标有(　　　)。

(A)工业指标　　　　(B)物理指标　　　　(C)化学指标　　　　(D)生物指标

150. 活性污泥曝气方法包括(　　)。

(A)鼓风曝气　　　　(B)机械曝气　　　　(C)深井曝气　　　　(D)纯氧曝气

151. 根据混合液在曝气池内的流态,曝气池可分为(　　)。

(A)深井式　　　　(B)完全混合式　　　　(C)推流式　　　　(D)循环混合式

152. 根据曝气方式的不同,曝气池可分为(　　)。

(A)鼓风曝气池　　　　　　　　　　(B)机械曝气池

(C)机械-鼓风曝气池　　　　　　　　(D)纯氧曝气

153. 控制曝气池活性污泥膨胀的措施有(　　)。

(A)投加混凝剂　　　　(B)投加氧化剂　　　　(C)投加消毒剂　　　　(D)通入溶解氧

154. 污泥回流系统的控制方式有(　　)。

(A)保持回流量恒定　　　　　　　　(B)保持回流比不变

(C)保持剩余污泥排放量恒定　　　　(D)剩余污泥排放量随时改变

155. 下列(　　)处理属于污水三级处理。

(A)除油　　　　(B)厌氧处理　　　　(C)离子交换　　　　(D)电渗析

156. 下列关于混凝的说法正确的是(　　)。

(A)混凝工艺一般有药剂配置投加、混合、反应三个环节

(B)混凝工艺具有对悬浮颗粒、胶体颗粒、疏水性污染物的去除效果良好

(C)混凝工艺对亲水性溶解性污染物的絮凝效果不好

(D)混凝工艺不适用于城市污水处理

157. 混凝剂的投配系统包括(　　)等单元。

(A)药剂的储运　　　　(B)药剂的调制　　　　(C)药剂的混合　　　　(D)药剂的投加

158. 混凝剂的投加方式包括(　　)。

(A)重力投加　　　　(B)压力投加　　　　(C)管道投加　　　　(D)水泵投加

159. 混凝剂的混合方式包括(　　)。

(A)自然混合　　　　　　　　　　　(B)水泵混合

(C)管式混合器混合　　　　　　　　(D)机械混合

160. 按膜元件结构型式分,膜生物反应器的类型有(　　)。

(A)螺旋式型　　　　(B)中空纤维型　　　　(C)平板型　　　　(D)管式型

161. 影响膜过滤的因素包括(　　)。

(A)过滤温度　　　　(B)pH 值　　　　(C)过滤压力　　　　(D)进水量

162. 下列属于膜过滤工艺的有(　　)。

(A)微滤　　　　(B)超滤　　　　(C)纳滤　　　　(D)反渗透

163. 膜的清洗方法有(　　)。

(A)水冲洗　　　　(B)酸碱清洗　　　　(C)酶清洗　　　　(D)气洗

164. 影响反渗透运行参数的主要因素包括(　　)。

(A)进水水质　　　　(B)进水流速　　　　(C)压力　　　　(D)温度

165. 描述污泥特性的指标包括(　　)。

(A)污泥干重　　　　(B)微生物　　　　(C)有毒物质　　　　(D)污泥沉降比

166. 污泥中的水分类型包括( )。
(A)自由水 (B)重力水 (C)间隙水 (D)毛细水

167. 常用的污泥浓缩方法有( )。
(A)重力浓缩法 (B)气浮浓缩法 (C)离心浓缩法 (D)机械浓缩法

168. 以下关于污泥浓缩的叙述正确的是( )。
(A)重力浓缩法占地面积小,浓缩效果好
(B)气浮浓缩法主要用于难以浓缩的剩余活性污泥
(C)重力浓缩法贮泥能力强,动力消耗小
(D)气浮浓缩法占地面积小,浓缩后污泥含水率低

169. 判断污泥浓缩效果的指标有( )。
(A)浓缩比 (B)固体回收率 (C)分离率 (D)脱水率

170. 以下( )属于污水的物理指标。
(A)碱度 (B)浊度 (C)温度 (D)酸度

171. 以下( )属于污水的化学指标。
(A)固体物质 (B)电导率 (C)化学需氧量 (D)溶解氧

172. 以下( )属于污水的生物指标。
(A)大肠菌群数 (B)臭味 (C)pH 值 (D)细菌总数

173. 下列( )属于污水中的有机污染物。
(A)化学需氧量 (B)溶解性杂质 (C)总有机碳 (D)生化需氧量

174. 均质调节池的类型包括( )。
(A)间歇式均化池 (B)均量池 (C)均质池 (D)事故调节池

175. 曝气池出现生物泡沫的影响因素有( )。
(A)污泥体积 (B)曝气时间 (C)污泥停留时间 (D)曝气方式

176. 沉淀池按水流方向划分类型有( )。
(A)平流式 (B)辐流式 (C)截留式 (D)竖流式

177. 下列关于平流式沉淀池说法正确的是( )。
(A)造价高 (B)施工困难
(C)沉淀效果好 (D)池子配水不易均匀

178. 下列关于竖流式沉淀池说法错误的是( )。
(A)排泥困难 (B)占地面积小 (C)池子深度小 (D)造价高

179. 下流关于辐流式沉淀池说法正确的是( )。
(A)多为重力排泥 (B)适用于地下水位较高地区
(C)管理较为复杂 (D)适用于大、中型污水处理

180. 常用的反应池类型包括( )。
(A)隔板反应池 (B)机械搅拌反应池
(C)折板反应池 (D)组合式反应池

181. 下列关于反应池叙述正确的是( )。
(A)隔板反应池构造复杂
(B)隔板反应池反应时间长,水量变化大时效果不稳定

(C)机械搅拌反应池能耗较大

(D)折板反应池安装、维护简单

182. 下列有关混凝处理系统的运行管理叙述正确的是(　　)。

(A)定期进行水质的分析化验,定期进行烧杯搅拌实验

(B)保持投加混凝剂的量不变

(C)巡检时只需记录反应池内矾花大小

(D)定期清除反应池内污泥

183. 下列关于直接过滤说法正确的是(　　)。

(A)原水浊度较低、色度不高、水质稳定可采用直接过滤

(B)滤料采用双层、三层或均质滤料

(C)不需要添加高分子助凝剂

(D)滤速根据原水水质决定,一般在 10 m/s 左右

184. 下列关于气浮法水处理方面的应用说法正确的是(　　)。

(A)不适用于石油、化工及机械制造业中含油污水的处理

(B)适用于处理电镀污水和含重金属离子的污水

(C)适用于水厂改造

(D)取代二次沉淀池,但不适用于产生活性污泥膨胀的情况

185. 反渗透装置类型包括(　　)。

(A)管式　　　　　(B)平板式　　　　　(C)中空纤维式　　　　(D)螺旋式

186. 反渗透工艺流程形式包括(　　)。

(A)连续法　　　　(B)一级一段法　　　(C)一级多段法　　　　(D)间歇式法

187. 超滤膜污染的防治措施包括(　　)。

(A)降低料液流速　　　　　　　　　　(B)改变膜结构和组件结构

(C)增加料液黏度　　　　　　　　　　(D)采用亲水性超滤膜

188. 活性炭吸附方式包括(　　)。

(A)静态吸附　　　　(B)连续吸附　　　(C)动态吸附　　　　　(D)间歇吸附

189. 活性炭在污水处理系统中的作用包括(　　)。

(A)除盐　　　　　　　　　　　　　　(B)去除臭味

(C)吸附有毒有害物质　　　　　　　　(D)去重金属

190. 下列关于重力浓缩池运行管理注意事项说法正确的是(　　)。

(A)定期分析测定浓缩池的进泥量、排泥量、溢流上清液的 SS

(B)浓缩池长时间没排泥,若想开启污泥浓缩与刮泥设备,须先清理沉泥

(C)如果入流污泥包含初沉池污泥与二沉池污泥,不必混合均匀

(D)定期将浓缩池排空检查,清理池底的积砂和沉泥

191. 以下关于气浮浓缩法说法正确的是(　　)。

(A)气浮浓缩法是依靠大量微小气泡附着于悬浮污泥颗粒上,减小污泥颗粒的密度而上浮,实现污泥颗粒与水的分离的

(B)与重力浓缩法相比,气浮浓缩法的浓缩效果显著

(C)气浮浓缩法不适用于污泥悬浮液很难沉降的情况

(D)气浮浓缩法一般水力停留时间为 3 h

192. 污泥离心浓缩法的指标包括(　　　)。

(A)浓缩比　　　　　(B)分离率　　　　　(C)出泥含固率　　　(D)固体回收率

193. 污泥消化可采用的工艺有(　　　)。

(A)生物处理工艺　　(B)好氧处理工艺　　(C)厌氧处理工艺　　(D)兼性处理工艺

194. 污泥消化中好氧消化包括(　　　)。

(A)普通好氧消化　　(B)高温好氧消化　　(C)生物好氧消化　　(D)阶段好氧消化

四、判 断 题

1. 泵壳外有一清扫口,只能用来清除垃圾。(　　　)

2. 离心水泵在开车前应关闭出水管闸阀。(　　　)

3. 表面曝气机的叶轮浸没深度一般在 10～100 mm,视叶轮型式而异。(　　　)

4. 在污水处理厂内,螺旋泵主要用作活性污泥回流提升。(　　　)

5. 阀门的最基本功能是接通或切断管路介质的流通。(　　　)

6. 暗杆式闸阀,丝杆既转动,同时又作上下升降运动。(　　　)

7. 公称压力 0.25 MPa 相当于 2.5 公斤压力。(　　　)

8. 管路启闭迅速可采用旋塞阀或截止阀。(　　　)

9. 在沉淀试验中,对于自由沉降过程,$E-u$ 曲线与试验水深有关。(　　　)

10. 快滤池中的滤速将水头损失的增加而逐渐增加。(　　　)

11. 为了提高处理效率,对于单位数量的微生物,只应供给一定数量的可生物降解的有机物。(　　　)

12. 固体通量对于浓缩池来说是主要的控制因素,根据固体通量可确定浓缩池的体积和深度。(　　　)

13. 在水处理中使胶体凝聚的主要方法是向胶体体系中投加电解质。(　　　)

14. 分散体系中分散度越大,分散相的单位体积的表面积,即比表面积就越小。(　　　)

15. 胶体颗粒表面能吸附溶液中电解质的某些阳离子或阴离子而使本身带电。(　　　)

16. 双电层是指胶体微粒外面所吸附的阴离子层。(　　　)

17. 库仑定律是两个带同样电荷的颗粒之间有静电斥力,它与颗粒间距离的平方成反比,相互越接近,斥力越大。(　　　)

18. 水力学原理中的两层水流间的摩擦力和水层接触面积成反比。(　　　)

19. 凝聚是指胶体脱稳后,聚结成大颗粒絮体的过程。(　　　)

20. 高负荷活性污泥系统中,如在对数增长阶段,微生物活性强,去除有机物能力大,污泥增长受营养条件所限制。(　　　)

21. 在叶轮的线速度和浸没深度适当时,叶轮的充氧能力可为最大。(　　　)

22. 污泥负荷是描述活性污泥系统中生化过程基本特征的理想参数。(　　　)

23. 从污泥增长曲线来看,F/M 的变动将引起活性污泥系统工作段或工作点的移动。(　　　)

24. 社会循环中所形成的生活污水是天然水体最大的污染来源。(　　　)

25. 从控制水体污染的角度来看,水体对废水的稀释是水体自净的主要问题。(　　　)

26. 河流流速越大,单位时间内通过单位面积输送的污染物质的数量就越多。（　　）

27. 水的搅动和与空气接触面的大小等因素对氧的溶解速度影响较小。（　　）

28. 水体自净的计算,对于有机污染物的去除,一般要求考虑有机物的耗氧和大气的复氧这两个因素。（　　）

29. 胶体颗粒的布朗运动是胶体颗粒能自然沉淀的一个原因。（　　）

30. 絮凝是指胶体被压缩双电层而脱稳的过程。（　　）

31. 胶体的稳定性可从两个颗粒相碰时互相间的作用力来分析。（　　）

32. 对于单位数量的微生物,应供应一定数量的可生物降解的有机物,若超过一限度,处理效率会大大提高。（　　）

33. 温度高,在一定范围内微生物活力强,消耗有机物快。（　　）

34. 水体正常生物循环中能够同化有机废物的最大数量为自净容量。（　　）

35. 河流的稀释能力主要取决于河流的推流能力。（　　）

36. 空气中的氧溶于水中,即一般所称的大气复氧。（　　）

37. 正常的城市污水应具有约 $+1\,000\ mV$ 的氧化还原电位。（　　）

38. 平流沉砂池主要控制污水在池内的水平流速,并核算停留时间。（　　）

39. 对压缩沉淀来说,决定沉淀效果的主要参数是水力表面负荷。（　　）

40. 细菌的新陈代谢活动是在核质内完成的。（　　）

41. 呼吸作用即微生物的固化作用,是微生物获取生命活动所需能量的途径。（　　）

42. 对于反硝化造成的污泥上浮,应控制硝化,以达到控制反硝化的目的。（　　）

43. 表面曝气系统是通过调节转速和叶轮淹没深度调节曝气池混合液的 DO 值。（　　）

44. 污水经过格栅的流速一般要求控制在 $0.6\sim1.0\ m/s$。（　　）

45. 对于一定的活性污泥来说,二沉池的水力表面负荷越小,溶液分离效果越好,二沉池出水越清晰。（　　）

46. 通电线圈在磁场中的受力方向,可以用左手定则来判别,也可以用楞次定律判别。（　　）

47. 确定互感电动势极性,一定要知道同名端。（　　）

48. 在电路中所需的各种直流电压,可通过变压器变换获得。（　　）

49. 放大器采用图解分析法的最大优点是精确。（　　）

50. 只要不超过三极管的任何一项极限参数,三极管工作就不会损坏。（　　）

51. 总电压超前总电流 $290\ V$ 的正弦交流电路是个感性电路。（　　）

52. 晶体三极管是电压放大元件。（　　）

53. 在电路中所需的各种直流电压,可以通过变压器变换获得。（　　）

54. 电动机铭牌上标注的额定功率是指电动机输出的机械功率。（　　）

55. 选择晶体三极管时,只要考虑其 $P_{CM}<I_CU_{CE}$ 即可。（　　）

56. 电感性负载并联一个适当电容器后,可使线路的总电流减小。（　　）

57. 行程开关是利用生产机械运动部件的碰撞而使其触头动作的一种电器,它的作用和按钮相似。（　　）

58. 电动机启动后不能自锁,一定是接触器的自锁触头损坏。（　　）

59. 单相桥式整流二极管的反向耐压值与半波整流二极管相同。（　　）

60. 晶闸管导通的条件是在阳极和阴极加上正向电压,然后给控制极加上一个触发电压。(　　)

61. 两台水泵并联工作可以增加扬程。(　　)

62. 钻孔时,冷却润滑的目的应以润滑为主。(　　)

63. 对叶片泵采用切削叶轮的方法,可以改变水泵性能曲线。(　　)

64. 管道系统中低阀一般应水平安装,并与最低水位线持平。(　　)

65. 水泵发生汽蚀,机组会有振动和噪声,应考虑降低安装高度,减少水头损失。(　　)

66. 水泵串联可以增加扬程,其总扬程为各串联泵扬程之和。(　　)

67. 蜗杆传动具有传动比准确且传动比较大而且结构紧凑的特点。(　　)

68. 通过改变闸阀开启度可以改变水泵性能,开启度越大,流量和扬程也越大。(　　)

69. 阀门的公称直径一般与管道外径相等。(　　)

70. 通风机联轴器弹性圈更换时,要将全部弹性圈同时换掉。(　　)

71. 弹性联轴器的弹性圈具有补偿偏移、缓和冲击作用。(　　)

72. 集水井水位低于技术水位而继续开泵,会发生汽蚀。(　　)

73. 水泵并联只能增加流量,而与扬程无关。(　　)

74. 为防止叶轮由于重心偏移造成水泵振动,安装前叶轮要静平衡。(　　)

75. 在配合制度上轴承与轴的配合采用基孔制。(　　)

76. 根据生化需氧量反应动力学的研究,生化需氧量反应是单分子反应呈一级反应,反应速度与测定当时存在的有机物数量成反比。(　　)

77. 活性污泥微生物的对数增长期,是在营养物与微生物的比值很高时出现的。(　　)

78. 完全混合式曝气池的导流区的作用是使污泥凝聚并使气水分离,为沉淀创造条件。(　　)

79. 稀释、扩散是水体自净的重要过程。扩散是物质在特定的空间中所进行的一种可逆的扩散现象。(　　)

80. 在耗氧和复氧的双重作用下,水中的溶解氧含量出现复杂的且无规律的变化过程。(　　)

81. 氧能溶解于水,但有一定的饱和度,饱和度和水温与压力有关,一般是与水温成反比关系,与压力成正比关系。(　　)

82. 氧溶解于水的速度,当其他条件一定时,主要取决于氧亏量,并与氧亏量成反比关系。(　　)

83. 静水中的球形颗粒,是在其本身重力的作用下而下沉的,同时又受到液体的浮力的抵抗,阻止颗粒下沉。(　　)

84. 控制沉淀池设计的主要因素是对污水经沉淀处理后所应达到的水质要求。(　　)

85. 竖流式沉淀池其颗粒的沉速为其本身沉速与水流上升速度相等。(　　)

86. 生物絮凝法能较大地提高沉淀池的分离效果,悬浮物的去除率可达80%以上。(　　)

87. 斜板沉淀池的池长与水平流速不变时,池深越浅,则可截留的颗粒的沉速越大,仅成正比关系。(　　)

88. 在普通沉淀池中加设斜板可减小沉淀池中的沉降面积,缩短颗粒沉降深度,改善水流状态,为颗粒沉降创造了最佳条件。(　　)

89. 活性污泥微生物是多菌种混合群体,其生长繁殖规律较复杂,通常可用其增长曲线来表示一般规律。（　　）

90. 活性污泥在每个增长期,有机物的去除率,氧利用速率及活性污泥特征等基本相同。（　　）

91. 在稳定条件下,由于完全混合曝气池内务点的有机物浓度是一常数,所以池内各点的有机物降解速率也是一个常数。（　　）

92. 浅层曝气的理论是根据气泡形成时的氧转移效率要比气泡上升时高好几倍,因此氧转移率相同时,浅层曝气的电耗较省。（　　）

93. 如果叶轮在临界浸没水深以下,不仅负压区被水膜阻隔,而且水跃情况大为削弱,甚至不能形成水跃,并不能起搅拌作用。（　　）

94. 计算曝气区容积,一般以有机物负荷率为计算指标的方法。（　　）

95. 高的污泥浓度会改变混合液的黏滞性,减少扩散阻力,使氧的利用率提高。（　　）

96. 设计污泥回流设备时应按最小回流比设计,并具有按较小的几级回流比工作的可能性。（　　）

97. 普通生物滤池的负荷量低,污水与生物膜的接触时间长,有机物降解程度较高,污水净化较为彻底。（　　）

98. 负荷是影响滤池降解功能的首要因素,是生物滤池设计与运行的重要参数。（　　）

99. 在生物滤池,滤料表面生长的生物膜污泥,可相当于活性污泥法的 MLVSS 能够用以表示生物滤池内的生物量。（　　）

100. 对同一种污水,生物转盘如盘片面积不变,将转盘分为多级串联运行,则能提高出水水质和出水 DO 含量。（　　）

101. 在污水处理中,利用沉淀法来处理污水,其作用主要是起到预处理的目的。（　　）

102. 在一般沉淀池中,过水断面各处的水流速度是相同的。（　　）

103. 当沉淀池容积一定时,装了斜板后,表面积越大,池深就越浅,其分离效果就越好。（　　）

104. 当水温高时,液体的黏滞度降低,扩散度降低,氧的转移系数就增大。（　　）

105. 在稳定状态下,氧的转移速率等于微生物细胞的需氧速率。（　　）

106. 纯氧曝气法由于氧气的分压大,转移率高,能使曝气池内有较高的 DO,则不会发生污泥膨胀等现象。（　　）

107. 混凝沉淀法,由于投加混凝剂使 pH 值上升,产生 CO_2、气泡等,使部分藻类上浮。（　　）

108. 酸碱污水中和处理可以连续进行,也可以间歇进行。采用何种方式主要根据被处理的污水流量而定。（　　）

109. 臭氧不仅可氧化有机物,还可氧化污水中的无机物。（　　）

110. 吸附量是选择吸附剂和设计吸附设备的重要数据。吸附量的大小,决定吸附剂再生周期的长短。吸附量越大,再生周期越小,从而再生剂的用量及再生费用就越小。（　　）

111. 曝气池供氧的目的是提供给微生物分解无机物的需要。（　　）

112. 用微生物处理污水是最经济的。（　　）

113. 生化需氧量主要测定水中微量的有机物量。（　　）

114. 单纯的稀释过程并不能除去污染物质。(　　)

115. 生物处理法按在有氧的环境下可分为推流式和完全混合式两种方法。(　　)

116. 良好的活性污泥和充足的氧气是活性污泥法正常运行的必要条件。(　　)

117. 按污水在池中的流型和混合特征,活性污泥法处理污水,一般可分为普通曝气法和生物吸附法两种。(　　)

118. 好氧生物处理中,微生物都是呈悬浮状态来进行吸附分解氧化污水中的有机物。(　　)

119. 多点进水法可以提高空气的利用效率和曝气池的工作能力。(　　)

120. 水体中溶解氧的含量是分析水体自净能力的主要指标。(　　)

121. 有机污染物质在水体中的稀释、扩散,不仅可降低它们在水中的浓度,而且还可被去除。(　　)

122. 水体自净的计算,一般是以夏季水体中溶解氧小于 4 mg/L 为根据的。(　　)

123. 由于胶体颗粒的带电性,当它们互相靠近时就产生排斥力,所以不能聚合。(　　)

124. 化学需氧量测定可将大部分有机物氧化,而且也包括硝化所需氧量。(　　)

125. 生物氧化反应速度决定于微生物的含量。(　　)

126. 初次沉淀池的作用主要是降低曝气池进水的悬浮物和生化需氧量的浓度,从而降低处理成本。(　　)

127. 二次沉淀池用来去除生物反应器出水中的生物细胞等物质。(　　)

128. 胶体颗粒不断地保持分散的悬浮状态的特性称胶体的稳定性。(　　)

129. 在理想的推流式曝气池中,进口处各层水流不会依次流入出口处,要互相干扰。(　　)

130. 推流式曝气池中,池内各点水质较均匀,微生物群的性质和数量基本上也到处相同。(　　)

131. 活性污泥法净化废水主要通过吸附阶段来完成的。(　　)

132. 曝气系统必须要有足够的供氧能力才能保持较高的污泥浓度。(　　)

133. 菌胶团多,说明污泥吸附、氧化有机物的能力不好。(　　)

134. 污水处理厂设置调节池的目的主要是调节污水中的水量和水质。(　　)

135. 凝聚是指胶体被压缩双电层而脱稳的过程。(　　)

136. 污泥浓度是指曝气池中单位体积混合液所含挥发性悬浮固体的重量。(　　)

137. 化学需氧量测定可将大部分有机物氧化,其中不包括水中所存在的无机性还原物质。(　　)

138. 水中的溶解物越多,一般所含的盐类就越多。(　　)

139. 一般活性污泥是具有很强的吸附和氧化分解无机物的能力。(　　)

140. 硝化作用是指硝酸盐经硝化细菌还原成氨和氮的作用。(　　)

141. 污泥负荷、容积负荷是概述活性污泥系统中生化过程基本特征的理想参数。(　　)

142. 通常能起凝聚作用的药剂称为混凝剂。(　　)

143. 沉淀设备中,悬浮物的去除率是衡量沉淀效果的重要指标。(　　)

144. 水体自身也有去除某些污染物质的能力。(　　)

145. 工业废水不易通过某种通用技术或工艺来治理。(　　)

146. SVI 值越小,沉降性能越好,则吸附性能也越好。(　　)

147. 在沉淀池运行中,为保证层流流态,防止短流,进出水一般都采取整流措施。(　　)

148. 污泥龄是指活性污泥在整个系统内的平均停留时间。(　　)

149. 悬浮物和水之间有一种清晰的界面,这种沉淀类型称为絮凝沉淀。(　　)

150. 把应作星形连接的电动机接成三角形,电动机不会烧毁。(　　)

151. 在电磁感应中,如果有感生电流产生,就一定有感生电动势。(　　)

152. 用交流电压表测得交流电压是 220 V,则此交流电压最大值为 220 V。(　　)

153. 电流与磁场的方向关系可用右手螺旋法则来判断。(　　)

154. 在活性污泥法污水处理场废水操作工进行巡检时,看到的活性污泥正常的颜色应当是黄褐色。(　　)

155. 气浮法中溶气释放器的功能是将高压气溶解在水中。(　　)

156. $kgBOD_5/m^3 \cdot d$ 是污泥负荷的单位。(　　)

157. 通常在活性污泥法废水处理系统运转正常,有机负荷较低,出水水质良好,才会出现的动物是轮虫。(　　)

158. 当废水的 BOD_5/COD 大于 0.3 时,宜采用生物法处理。(　　)

159. 在活性污泥法试运行时,活性污泥培养初期曝气量应控制在设计曝气量的 2 倍。(　　)

160. 消化污泥或熟污泥,呈黑色,有恶臭。(　　)

161. 发生污泥上浮的污泥,其生物活性和沉降性能都不正常。(　　)

162. 离心泵停车前,对离心泵应先关闭真空表和压力表阀,再慢慢关闭压力管上闸阀,实行闭闸停车。(　　)

163. 疏水性物质与水的接触角为 $0° < Q < 90°$,不能气浮。(　　)

164. 当活性污泥的培养和驯化结束后,还应进行以确定最佳条件为目的的试运行工作。(　　)

165. 反硝化作用一般在溶解氧低于 0.5 mg/L 时发生,并在实验室静沉 30~90 min 以后发生。(　　)

166. 功率小的用电器一定比功率大的用电器耗电少。(　　)

167. 活性污泥絮凝体越小,与污水的接触面积越大,则所需的溶解氧浓度就大;反之就小。(　　)

168. 增加沉淀剂的使用量,可以提高污水中离子的去除率,但沉淀剂的用量也不宜过多,否则会导致相反的作用。(　　)

169. 氧化还原是同时存在的现象,两者不会单独存在。(　　)

170. 在所有的吸附剂中,活性炭的吸附能力是最强的。(　　)

171. 活性炭吸附是以化学吸附为主,但也有物理吸附作用在内。(　　)

172. 通过活性炭吸附,不能去除表面活性剂、色度、重金属和余氯等。(　　)

173. 活性炭有粒状和粉状两种类型。(　　)

174. 使活性炭具有吸附功能的是小孔,也称微孔。(　　)

175. 初次沉淀污泥含水率介于 90%~95%,剩余活性污泥达 99% 以上。(　　)

176. 污泥中所含水分大致分 4 类,分别是空隙水、毛细水、吸附水、内部水。(　　)

177. 污水的生物膜处理法是与活性污泥法并列的一种污水厌氧处理技术。（　　）

178. 生物膜成熟的标志是生物膜沿水流方向的分布,在其上由细菌及各种微生物组成的生态系统以及其对有机物的降解功能都达到了平衡和稳定的状态。（　　）

179. 生物膜从开始形成到成熟,主要经历潜伏和生长两个阶段。（　　）

180. 生物膜是高度亲水的物质,在污水不断在其表面更新的条件下,在其外侧总是存在着一层附着水层。（　　）

181. 生物膜是微生物高度密集的物质,在膜的表面和一定深度的内部生长繁殖着大量的各种类型的微生物和微型动物,并形成有机污染物—原生动物—细菌的食物链。（　　）

182. 生物膜在其形成与成熟后,由于微生物不断增殖,生物膜的厚度不断增加,在增厚到一定程度后,在氧不能透入的里侧深部即将转变为厌氧状态,形成兼性膜。（　　）

183. 生物膜只有一层好氧膜,其厚度一般为 2 mm 左右。（　　）

184. 生物膜处理法的各种工艺,都具有适于微生物生长栖息、繁衍的安静稳定环境。（　　）

185. 生物膜上的微生物无需像活性污泥那样承受强烈的搅拌冲击,宜于生长增殖。（　　）

186. 在生物膜上不会大量出现丝状菌,而且没有污泥膨胀。（　　）

187. 在生物膜上生长繁殖的生物中,动物性营养一类所占比例较大,微型动物的存活率不高。（　　）

188. 进入生物滤池的污水,必须通过预处理,去除原污水中的悬浮物等能够堵塞滤料的污染物。（　　）

189. 由于生物膜的不断脱落更新,生物滤池后应设置沉淀池予以截留。（　　）

190. 提高料液的流速,控制料液的流动状态不能减缓浓差极化现象。（　　）

191. 吸附剂和吸附质之间通过分子间力产生的吸附称为化学吸附。（　　）

192. 超滤用于截留水中胶体大小的颗粒,而水和低分子量溶质则允许透过膜。（　　）

193. 活性污泥法与生物膜法是在有氧的条件下,由好氧微生物降解污水中的有机物,最终产物是水和二氧化碳。（　　）

194. 污泥中的有机物一般采用厌氧消化法,即在无氧的条件下,由兼性菌及转性厌氧菌降解有机物,最终产物是二氧化碳和水。（　　）

195. 污泥厌氧消化过程也称为污泥生物稳定过程。（　　）

196. 在未经处理的新鲜污水中,含氮化合物存在的主要形式包括有机氮和氨态氮两种。（　　）

197. 含有氮化合物的污水在排放和利用前不必进行脱氮处理。（　　）

198. 脱氮技术可以分为物理脱氮和化学脱氮两种技术。（　　）

199. 气浮法用于从废水中去除比重大于 1 的悬浮物、油类和脂肪,并用于污泥的浓缩。（　　）

200. 气浮法是固液分离或液液分离的一种技术。（　　）

五、简 答 题

1. 影响生物滤池性能的主要因素有哪些?

2. 曝气生物滤池由哪些单元构成？

3. 曝气生物滤池负荷类别有哪些？

4. 什么是废水的厌氧生物处理？

5. 厌氧生物处理的三个阶段是哪三个阶段？

6. 厌氧生物反应器内出现中间代谢产物积累的原因有哪些？

7. 厌氧生物处理的影响因素有哪些？

8. 厌氧微生物需要哪些营养物质？

9. 维持厌氧生物反应器内有足够碱度的措施有哪些？

10. 厌氧污泥培养成熟后的特征有哪些？

11. 污水三级处理使用的处理方法有哪些？

12. 什么是混合反应？

13. 什么是凝聚？

14. 什么是絮凝？

15. 什么是混凝？

16. 混凝工艺的一般流程是怎样的？

17. 混凝工艺在污水处理中的应用有哪些？

18. 混凝工艺的投配系统包括哪些单元？

19. 药剂的投加方式有哪些？

20. 常用的反应池有哪些？

21. 隔板反应池的优缺点有哪些？

22. 机械搅拌反应池的优缺点有哪些？

23. 折板反应池的优缺点有哪些？

24. 药剂的混合方式有哪些？

25. 采用水泵混合方式的注意事项有哪些？

26. 采用管式混合器应注意哪些事项？

27. 什么是直接过滤？

28. 在生产过程中，直接过滤的应用方式有哪些？

29. 什么叫接触过滤？

30. 什么叫微絮凝过滤？

31. 什么是气浮法？

32. 什么是射流气浮？

33. 溶气泵气浮法有哪些特点？

34. 溶气泵气浮主要由哪些部分组成？

35. 加压溶气气浮有哪些优缺点？

36. 加压溶气气浮适用于处理什么类型的污水？

37. 气浮池的形式有哪些？

38. 污水处理系统中常用的滤池形式有哪些？

39. 滤池滤料层板结的原因有哪些？

40. 滤池滤料层板结解决措施是什么？

41. 滤池反冲洗的方法有哪些?

42. 滤池辅助反冲洗的方法有哪些?

43. 高效纤维过滤设备有哪些类型?

44. 按膜元件结构形式分,膜生物反应器有哪些类型?

45. 膜清洗的方法有哪些?

46. 膜的物理清洗方法有哪些?

47. 膜化学清洗清洗剂的选用有哪些?

48. 什么是膜通量?

49. 什么是膜分离法的回收率?

50. 膜通量及回收率与哪些因素有关?

51. 什么是膜过滤的浓差极化?

52. 如何减轻和避免过滤膜的浓差极化?

53. 影响膜过滤的因素有哪些?

54. 超滤/微滤系统的预处理方法有哪些?

55. 纳滤/反渗透系统的预处理目的有哪些?

56. 微滤的适宜性是什么?

57. 超滤的适宜性是什么?

58. 纳滤的适宜性是什么?

59. 反渗透的适宜性是什么?

60. 反渗透膜的主要性能参数有哪些?

61. 影响反渗透运行参数的主要因素有哪些?

62. 反渗透装置的类型有哪些?

63. 反渗透工艺流程形式有哪些?

64. 超滤膜按形态结构有哪些分类?

65. 超滤膜进水方式有哪些?

66. 超滤膜运行方式有哪些?

67. 活性炭吸附设备有哪些形式?

68. 常用的活性炭再生方式有哪几种?

69. 活性炭加热再生的过程是怎样的?

70. 离子交换系统由哪些部分组成?

六、综 合 题

1. 过滤池采用反洗水为 12 L/m² · s,现过滤面积为 4.5 m²,问需要用反洗水泵小时流量是多少? 如果控制反洗时间为 5 min,需要总的反洗水量为多少?

2. 某废水处理站拟按 30 mg(药剂)/L(废水)投药量投加 PAC,现配药箱有效容积 0.6 m³,配制浓度为 5%,问每配制一箱 PAC 溶液需要加多少 PAC? 如处理水量为 60 m³/h,所配 PAC 溶液能用多少小时? (假设配制 PAC 溶液密度为 1 000 kg/m³)

3. 某污水站配制混凝剂 0.25 m³,浓度为 5%,每小时处理污水量 60 m³/h,每日需要配药三次,问实际加药量为多少? (假设配制混凝剂溶液密度为 1 000 kg/m³)

4. 某厂废水进水含 SS=325 mg/t,经混凝处理后出水 SS=26 mg/t,问废水中的 SS 去除率是多少?

5. 某厂采用硫化物处理含铜废水,废水含铜 80 mg/L,处理后要求铜<1 mg/L,假定:形成的 CuS 完全可以在沉淀及过滤中去除;市售 Na_2S 纯度为 60%。问 Na_2S 的实际投加量是多少?(铜原子量 63.546,钠原子量 22.99,硫原子量 32.06)

6. 某水泵的流量为 3.2 m^3/s,问运转 1 h 的排水量是多少?

7. 已知水泵的有效功率为 65.6 kW,水泵的效率为 84%,问水泵的轴功率是多少?

8. 污水处理厂的沉淀池应如何做好管理工作?

9. 试述污水一级处理的常用工艺流程。

10. 试述高链式格栅除污机及其一般用途。

11. 试述一体三索式格栅除污机及其一般用途。

12. 试述回旋式格栅除污机及其一般用途。

13. 试述曝气沉砂池的原理及其功能。

14. 试述涡流式沉砂池的原理,并给出较详细的叙述。

15. 试述沉淀池的功用及分离原理。

16. 试述平流式沉淀池的工作过程及其通常的应用。

17. 什么是初沉池和二沉池?它们的功效有什么不同?

18. 沉淀池的操作事项中哪些属于操作工应注意的基本事项?

19. 论述多点进水的活性污泥法。

20. 论述延时曝气活性污泥法及其应用。

21. 活性污泥的异常现象各有什么特点?

22. 如何做好曝气池操作管理工作?

23. 试述废水中胶体物质的特性与混凝原理。

24. 试述气浮法原理和解释回流加压溶气法的流程。

25. 试述影响混凝工艺过程的影响因素。

26. 试述影响活性炭吸附的因素。

27. 混凝剂配制过程中应注意什么问题?

28. 请分析离心泵在运行过程中出现水泵不出水或出水量不足的故障的原因?

29. 在开刮泥机前应做哪些检查工作?

30. 罗茨鼓风机运行时出现过热现象,产生此现象的原因是什么? 怎样排除?

31. 在有机物的厌氧分解过程中,主要经历哪两个阶段? 其作用机理是什么?

32. 活性污泥在曝气过程中,对有机物的降解过程分为哪两个阶段? 其作用机理是什么?

33. 活性污泥的组成部分有哪些?

34. 操作中对曝气池的巡检事项有哪些?

35. 厌氧运行管理中的安全要求有哪些?

废水处理工(高级工)答案

一、填空题

1. 含水率	2. 有机物	3. 高	4. 吸附法
5. 吸附	6. 多孔性	7. 化学	8. 分子间力
9. 化学键力	10. 相伴	11. 疏水性	12. 化学性质
13. 吸附速度	14. 有机	15. 树脂	16. 膜分离
17. 点解	18. 曝气吹脱	19. 铝盐	20. 生物除磷
21. 水解	22. 有机物	23. 可生物降解	24. 单级泵
25. 高速旋转	26. 细胞质	27. 好氧	28. 毛细水
29. 化学污泥	30. 生污泥	31. 自养	32. 高温
33. 有毒物质	34. 原生动物	35. 腐殖污泥	36. 初沉污泥
37. 小于 100 mg/L	38. 微生物	39. 无机物	40. 油
41. 磷	42. 小于 150 mg/L	43. 铬	44. 空气
45. 水	46. 6~9	47. 代谢	48. 月
49. MLVSS	50. 污水	51. 中水	52. 工业废水
53. 排放	54. 污水回用	55. SVI	56. 公称压力
57. 水体污染	58. 3 个/mL	59. 水体自净	60. 3~4 mg/L
61. 多孔性	62. 自检	63. 0.45 MPa	64. 漏电保护器
65. 明火	66. 浮	67. 混合	68. 沉淀泥砂
69. 生物化学	70. 好氧	71. 聚合	72. 土壤自净
73. 预处理	74. 初沉池	75. 布水装置	76. 固液分离
77. 混凝	78. 乳化油	79. 泡沫	80. 中性
81. 浓度	82. 矾花	83. 助凝剂	84. 截止阀
85. 止回阀	86. 药剂	87. 铁磁性	88. 碳酸盐
89. 重金属离子	90. 弱	91. 浓缩污泥	92. 轴功率
93. 消化污泥	94. 微生物	95. 脱水污泥	96. 扬程
97. 安装高度	98. 细菌	99. 干燥污泥	100. 间隙水
101. 有性	102. 活性污泥法	103. 污泥泥龄	104. 有机物
105. 小于 15 mg/L	106. 有机污泥	107. 酸	108. 密度指数
109. 6~9	110. 机油	111. 溶气释放器	112. 硝酸
113. 数量	114. MLSS	115. 小于 25 mg/L	116. 检修
117. 堵塞	118. 0.03 mmol/L	119. SV	120. 三
121. 叶轮	122. 漏电	123. 零	124. 清理

125. 1 kg 　126. 生化自净 　127. 防护用品 　128. 缓慢
129. 流通 　130. 安全带 　131. 亲水 　132. 氯离子
133. 虹吸 　134. 无烟煤 　135. 石英砂 　136. 有机污染物
137. 过载保护器 　138. 氢气 　139. 负压 　140. 过滤
141. 净化 　142. 1 000 　143. BOD_5 　144. 活性污泥
145. 生物降解 　146. 色度 　147. 消毒 　148. 明矾
149. 三氯化铁 　150. PAC 　151. 安全阀 　152. 调节阀
153. 分流阀 　154. 自动阀 　155. 回转式 　156. 减小
157. 唯一性 　158. 正比 　159. 反比 　160. 交换
161. 电功率 　162. 黑色 　163. 三相 　164. 欧姆
165. 磁力线 　166. 瞬时 　167. 两个 　168. 正比

二、单项选择题

1. B 　2. A 　3. B 　4. A 　5. C 　6. C 　7. D 　8. A 　9. A
10. A 　11. C 　12. D 　13. C 　14. B 　15. A 　16. C 　17. A 　18. D
19. B 　20. B 　21. A 　22. C 　23. D 　24. B 　25. C 　26. D 　27. A
28. B 　29. C 　30. B 　31. A 　32. D 　33. C 　34. B 　35. A 　36. A
37. C 　38. C 　39. D 　40. A 　41. C 　42. B 　43. C 　44. D 　45. A
46. D 　47. D 　48. D 　49. D 　50. A 　51. B 　52. B 　53. D 　54. B
55. B 　56. A 　57. A 　58. A 　59. B 　60. C 　61. B 　62. B 　63. A
64. B 　65. D 　66. C 　67. C 　68. C 　69. A 　70. A 　71. C 　72. D
73. C 　74. B 　75. B 　76. A 　77. C 　78. B 　79. A 　80. D 　81. A
82. C 　83. B 　84. C 　85. D 　86. D 　87. D 　88. C 　89. D 　90. B
91. D 　92. B 　93. C 　94. C 　95. C 　96. D 　97. D 　98. A 　99. C
100. B 　101. B 　102. A 　103. D 　104. A 　105. A 　106. D 　107. B 　108. B
109. B 　110. D 　111. D 　112. D 　113. C 　114. B 　115. D 　116. B 　117. C
118. D 　119. D 　120. B 　121. C 　122. D 　123. D 　124. B 　125. A 　126. B
127. C 　128. B 　129. D 　130. D 　131. B 　132. D 　133. A 　134. D 　135. D
136. A 　137. D 　138. A 　139. B 　140. D 　141. C 　142. B 　143. C 　144. B
145. A 　146. A 　147. C 　148. B 　149. B 　150. B 　151. C 　152. D 　153. A
154. D 　155. D 　156. B 　157. D 　158. D 　159. D 　160. A 　161. C 　162. B
163. A 　164. A 　165. C 　166. A 　167. D 　168. A 　169. C 　170. C 　171. C
172. C 　173. C 　174. B 　175. C 　176. B 　177. A 　178. C 　179. A 　180. B
181. B 　182. D 　183. B 　184. D 　185. C 　186. B 　187. D 　188. C 　189. B
190. B 　191. B 　192. B 　193. C 　194. A 　195. D

三、多项选择题

1. AD 　2. BC 　3. AB 　4. ABCD 　5. AB 　6. BCD 　7. AD
8. BC 　9. ABC 　10. BC 　11. ABCD 　12. ACD 　13. BC 　14. AB

15. CD	16. AD	17. AC	18. ABCD	19. ABC	20. BD	21. ABD
22. BC	23. BCD	24. CD	25. AB	26. BC	27. BCD	28. AB
29. ACD	30. AB	31. AD	32. BC	33. ABC	34. ACD	35. BC
36. ACD	37. AB	38. AC	39. BD	40. AB	41. ABD	42. CD
43. AC	44. AB	45. BC	46. BC	47. CD	48. AB	49. ACD
50. BD	51. BC	52. CD	53. AD	54. AB	55. CD	56. BD
57. ABCD	58. BC	59. AD	60. BD	61. ABCD	62. AB	63. AD
64. BC	65. ABD	66. CD	67. AB	68. CD	69. AD	70. ABC
71. AD	72. AC	73. BCD	74. BCD	75. AB	76. BCD	77. AB
78. ABD	79. BC	80. ABC	81. ABC	82. BCD	83. AC	84. BC
85. ABCD	86. AB	87. ABCD	88. ABC	89. BC	90. BCD	91. BD
92. BCD	93. AB	94. AD	95. ABD	96. ABD	97. ABCD	98. AD
99. BC	100. CD	101. ABC	102. ABD	103. CD	104. BCD	105. AB
106. ABC	107. ABCD	108. ABCD	109. BC	110. AD	111. BC	112. AC
113. CD	114. BC	115. ABD	116. ACD	117. ABC	118. ABC	119. CD
120. AB	121. CD	122. BC	123. ABCD	124. AD	125. BC	126. BC
127. AD	128. BC	129. AD	130. ABD	131. AB	132. CD	133. AB
134. BCD	135. AB	136. BC	137. AC	138. BCD	139. ACD	140. AC
141. CD	142. AB	143. AC	144. BC	145. ABC	146. ABCD	147. ABD
148. ABC	149. BCD	150. ABCD	151. BCD	152. ABC	153. AB	154. AC
155. CD	156. AB	157. ABCD	158. ABD	159. BCD	160. BCD	161. AC
162. ABCD	163. ABCD	164. CD	165. BC	166. CD	167. ABC	168. CD
169. ABC	170. BC	171. CD	172. AD	173. ACD	174. ABCD	175. CD
176. ABD	177. CD	178. AC	179. BD	180. ABCD	181. BC	182. AD
183. AB	184. BC	185. ACD	186. BC	187. BD	188. AC	189. BD
190. ABD	191. AB	192. CD	193. BC	194. AB		

四、判　断　题

1. ×	2. √	3. √	4. √	5. √	6. ×	7. √	8. ×	9. ×
10. ×	11. √	12. ×	13. √	14. ×	15. √	16. ×	17. √	18. ×
19. ×	20. ×	21. √	22. ×	23. √	24. ×	25. ×	26. √	27. ×
28. √	29. ×	30. ×	31. √	32. ×	33. √	34. √	35. ×	36. √
37. ×	38. √	39. ×	40. ×	41. ×	42. ×	43. √	44. √	45. √
46. √	47. ×	48. ×	49. √	50. ×	51. ×	52. ×	53. ×	54. √
55. ×	56. ×	57. √	58. ×	59. √	60. ×	61. ×	62. ×	63. √
64. ×	65. √	66. √	67. √	68. ×	69. ×	70. √	71. √	72. √
73. √	74. √	75. √	76. ×	77. √	78. √	79. ×	80. ×	81. √
82. ×	83. √	84. √	85. ×	86. √	87. ×	88. ×	89. √	90. ×
91. √	92. √	93. ×	94. √	95. ×	96. ×	97. √	98. √	99. ×

100. √	101. ×	102. ×	103. √	104. ×	105. √	106. √	107. ×	108. √
109. √	110. ×	111. ×	112. √	113. ×	114. √	115. ×	116. √	117. ×
118. ×	119. √	120. √	121. ×	122. ×	123. √	124. √	125. ×	126. √
127. √	128. √	129. √	130. ×	131. ×	132. √	133. √	134. √	135. √
136. ×	137. ×	138. √	139. ×	140. ×	141. √	142. ×	143. √	144. √
145. √	146. ×	147. √	148. √	149. ×	150. ×	151. √	152. ×	153. √
154. √	155. ×	156. ×	157. √	158. √	159. ×	160. ×	161. ×	162. ×
163. ×	164. √	165. √	166. √	167. √	168. √	169. √	170. √	171. ×
172. ×	173. √	174. √	175. ×	176. √	177. ×	178. √	179. √	180. √
181. ×	182. ×	183. √	184. √	185. √	186. ×	187. ×	188. √	189. √
190. ×	191. ×	192. √	193. √	194. ×	195. √	196. √	197. ×	198. ×
199. ×	200. √							

五、简答题

1. 答:滤池高度、负荷率、回流、供氧(5分)。

2. 答:布水系统、布气系统、承托层、滤料、反冲洗系统、出水收集系统(5分)。

3. 答:碳降解、硝化、反硝化(5分)。

4. 答:废水的厌氧生物处理指在无条件下,借助厌氧微生物的新陈代谢作用分解废水中的有机物质,并使之转变为小分子的无机物质的处理过程(5分)。

5. 答:水解发酵阶段、产氢产乙酸阶段、产甲烷阶段(5分)。

6. 答:水力负荷过大、有机负荷过大、搅拌效果不好、温度波动大、进水中含有有毒物质(5分)。

7. 答:温度、pH值、有机负荷、营养物质、氧化还原电位、碱度、有毒物质、水力停留时间(5分)。

8. 答:除了对 N 和 P 两种元素的需要外(3分),还有一些含硫化合物以及某些金属元素(2分)。

9. 答:措施有投加碱源和提高回流比(5分)。

10. 答:培养结束后,成熟的污泥颜色呈深灰到黑色,有焦油气味,pH 值在 7.0～7.5(3分),污泥容易脱水和干化,对污水的处理效果高,产气量大,沼气中甲烷成分高(2分)。

11. 答:一般采用的处理工艺有混凝沉淀、气浮、过滤、离子交换、电渗析、消毒、高级氧化技术等工艺以及上述工艺的组合工艺(5分)。

12. 答:促使絮凝剂向水中迅速扩散,并与全部水混合均匀的过程称为混合反应(5分)。

13. 答:水中悬浮颗粒与絮凝剂作用,通过压缩双电层和电中和等机理,失去稳定性而相互结合生成微小絮粒的过程称为凝聚(5分)。

14. 答:凝聚生成的微小絮粒在水流的搅动和絮凝剂的架桥作用下,通过吸附架桥和沉淀网捕等机理,逐渐成长为大絮体的过程称为絮凝(5分)。

15. 答:混合、凝聚、絮凝三个过程通称为混凝(5分)。

16. 答:混凝工艺一般有药剂配置投加、混合、反应三个环节组成(5分)。

17. 答:混凝工艺对悬浮颗粒、胶体颗粒、疏水性污染物有良好的去除效果(3分);对亲水性溶解性污染物也有相当的絮凝效果(2分)。

18. 答:包括药剂的储运、调制、提升、储液、计量、投加、混合等单元(5分)。

19. 答:重力投加、压力投加、水泵投加、水射器投加(5分)。

20. 答:隔板反应池、机械搅拌反应池、折板反应池(5分)。

21. 答:优点:构造简单(2分);缺点:反应时间长,水量变化大时效果不稳定(3分)。

22. 答:优点:搅拌强度可调,效果较好(3分);缺点:能耗较大(2分)。

23. 答:优点:容积和能量利用率较高(3分);缺点:安装、维护困难(2分)。

24. 答:药剂的混合方式有水泵混合、管式混合器混合和机械混合(5分)。

25. 答:(1)防止空气进入水泵吸水管内(1分)。

(2)不宜投加腐蚀性的药剂,防止腐蚀水泵叶轮及管道(2分)。

(3)水泵距处理构筑物的距离不宜过长,一般应小于60 m(2分)。

26. 答:(1)管中流速取1.0~1.5 m/s,分节数2~3段(1分)。

(2)重力投加时,管式混合器投加点应设在文丘里管或孔板的负压点(2分)。

(3)投药后的管内水头损失不小于0.3~0.4 m(1分)。

(4)投药点至管道末端絮凝池的距离应小于60 m(1分)。

27. 答:直接过滤是指原水加药混合后不经沉淀而直接进入滤池过滤(5分)。

28. 答:包括接触过滤和微絮凝过滤两种(5分)。

29. 答:原水加药后不经任何絮凝设备直接进入滤池的方式称接触过滤(5分)。

30. 答:原水加药混合后先经简易微絮凝池,待形成粒径大约在40~60 μm的微絮粒后即可进入滤池过滤的方式称为微絮凝过滤(5分)。

31. 答:气浮法是向污水中通入空气或其他气体产生气泡,使水中的一些细小悬浮物或固体颗粒附着在气泡上,随气泡上浮至水面被刮除,从而完成固液分离的一种净水工艺(5分)。

32. 答:射流气浮实际上是加压溶气气浮形式的一种,采用射流器向污水中混入空气进行气浮的方法(5分)。

33. 答:该技术克服了溶气气浮技术附属设备多、能耗大和涡凹气浮技术产生大气泡的缺点(4分),又具有能耗低的特点(1分)。

34. 答:溶气泵气浮设备由絮凝室、接触室、分离室、刮渣装置、溶气泵、释放管等几部分组成(5分)。

35. 答:优点:水力负荷高、池体紧凑(2分);缺点:工艺复杂,电能消耗较大,空压机的噪声大(3分)。

36. 答:适用于处理低浊度、高色度、高有机物含量、低含油量、低表面活性物质含量或富含藻类的污水(5分)。

37. 答:平流式气浮池、竖流式气浮池、综合式气浮池(5分)。

38. 答:单层滤料滤池、双层滤料滤池、纤维束滤池(5分)。

39. 答:油、生物污泥等有机物质的胶结作用;无机氧化硅沉淀而引起的胶结作用(2分);氧化铁沉淀而引起的胶结作用(1分);碳酸盐沉淀而引起的胶结作用(1分);多种有机物和无机物混合引起的胶结作用(1分)。

40. 答:进水调节pH值,增大无机物的溶解度(2分);对已经板结的滤料进行酸化清洗(2分),定期进行人工翻砂(1分)。

41. 答:用水进行反冲洗(1分);用水反冲洗辅助以表面冲洗(1分);用水反冲洗辅助以空气擦洗(2分);用气-水联合反冲洗(1分)。

42. 答:表面辅助冲洗、空气辅助冲洗、机械翻动辅助清洗(5分)。

43. 答:高效纤维过滤设备可以分为压力纤维束过滤器和重力式纤维束滤池两大类(5分)。

44. 答:中空纤维型膜组件、平板型膜组件、管式膜组件(5分)。

45. 答:膜清洗一般分为物理清洗和化学清洗(5分)。

46. 答:曝气清洗、水反洗、超声波清洗(5分)。

47. 答:化学清洗通常根据膜的污染程度,用氧化剂、酸、碱、络合剂、表面活性剂、酶、洗涤剂等化学清洗剂(5分)。

48. 答:膜通量即为膜的透水量,指在正常工作条件下,通过单位膜面积的产水量(5分)。

49. 答:膜分离法的回收率是供水通过膜分离后的转化率,即透过水量占供水量的百分率(5分)。

50. 答:与膜的厚度、孔隙度、工作环境(如水温)、膜两侧的压力差、原水的浓度有关(5分)。

51. 答:在膜法过滤工艺中,由于大分子的低扩散性和水分子的高渗透性,水中的溶质会在膜表面积聚并形成从膜面到主体溶液之间的浓度梯度,这种现象称为膜的浓差极化(5分)。

52. 答:加快平行于膜面的水流速度(2分);提高操作温度(2分);选择适当的 pH 值(1分)。

53. 答:过滤温度、过滤压力、流速、运行周期和膜的清洗、进水浓度和预处理(5分)。

54. 答:去除悬浮固体、去除微生物、去除氧化剂(5分)。

55. 答:防止膜化学损伤(2分);预防胶体和颗粒污堵(2分);预防微生物污染(1分)。

56. 答:微滤适宜于截留 0.1~10 μm 的颗粒(2分),允许大分子有机物和溶解性固体通过,但能阻挡住悬浮物、细菌、部分病毒及大尺度胶体(3分)。

57. 答:超滤适宜于截留 0.002~0.1 μm 的颗粒和杂质(2分),允许小分子物质和溶解性固体等通过,但能有效截留胶体、蛋白质、微生物和大分子有机物(3分)。

58. 答:纳滤适宜于截留多价离子、部分一价离子和分子量大约为 200~1 000 的有机物(3分),对单价阴离子盐溶液的脱除率低于高价阴离子盐溶液(2分)。

59. 答:反渗透适宜于截留溶解性盐及分子量大于 1 000 的有机物(3分),仅允许水分子透过(2分)。

60. 答:化学稳定性、耐热性和机械强度、理化指标、分离透过特性指标、除盐分离特性(5分)。

61. 答:压力、温度、回收率、进水含盐量、pH 值、浓差极化(5分)。

62. 答:板框式、管式、螺旋式、中空纤维式(5分)。

63. 答:一级一段法、一级多段法、两级一段法、多级反渗透流程(5分)。

64. 答:按形态结构可以分为对称膜和非对称膜(5分)。

65. 答:有内压式与外压式两种(5分)。

66. 答:有死端过滤和循环过滤两种(5分)。

67. 答:固定床、移动床、流化床(5分)。

68. 答:加热再生法、化学洗涤再生法、化学氧化再生法、微波再生(5分)。

69. 答:加热再生分脱水、干燥、炭化、活化、冷却等五个步骤进行(5分)。

70. 答:一个完整的离子交换系统由预处理、离子交换、树脂再生和电控仪表等单元组成(5分)。

六、综 合 题

1. 解:$V = q \cdot s$(2分)

$\quad\quad = (12 \times 3\ 600/1\ 000) \times 4.5$(1分)

$\quad\quad = 194.4\ \text{m}^3/\text{h}$(1分)

$Q = V \cdot t = 194.4 \times 5/60 = 16.2\ \text{m}^3$(5分)

答:需要用反洗水泵小时流量是 194.4 m^3/h,需要总的反洗水量为 16.2 m^3(1分)。

2. 解:$m = V \cdot q = 0.6 \times 0.05 \times 1\ 000 = 30\ \text{kg}$(4分)

一箱药可处理废水量:

$m' = m/q' = 30 \times 10^3/30 = 1\ 000\ \text{t}$(废水)(4分)

$t = m'/V = 1\ 000/60 = 16.67\ \text{h}$(1分)

答:每配制一箱 PAC 溶液需要加 30 kg PAC,如处理水量为 60 m^3/h,所配 PAC 溶液能用 16.67 h(1分)。

3. 解:按每天 24 h 运行计。

则:每天处理废水量:$m' = V \cdot t = 60 \times 24 = 1\ 440\ \text{t}$(3分)

每天用混凝剂量:$m = v \cdot q \cdot n = 0.25 \times 0.05 \times 3 \times 1\ 000 = 37.5\ \text{kg}$(3分)

实际加药量:$q' = m/m' = 37.5 \times 1\ 000/1\ 440 = 26.04\ \text{mg/L}$(3分)

答:实际加药量为 26.04 mg/L(1分)。

4. 解:废水中的 SS 去除率 $q = (\text{SS}_{进水} - \text{SS}_{出水})/\text{SS}_{进水} \times 100\% = (325 - 26)/325 \times 100\% = 92\%$(9分)

答:废水中的 SS 去除率是 92%(1分)。

5. 解:每吨废水需去除铜离子量为:$m = 80 - 1 = 79\ \text{g/t}$(1分)

消耗硫化钠的量可通过下列方程式计算:(4分)

设消耗硫离子的量为 X:

$Cu^{2+} + S^{2-} = CuS$

$$\frac{63.546}{79} = \frac{32.06}{X}$$

$X = 79 \times 32.06/63.546 = 39.857\ \text{g/t}$

消耗硫化钠的量为:(4分)

$m' = X \times (32.06 + 22.99 \times 2)/(32.06 \times 0.6) = 161.7\ \text{g/t}$

答:Na_2S 的实际投加量是 161.7 g/t(1分)。

6. 解:$Q = 3.2 \times 1 \times 3\ 600 = 11\ 520\ \text{m}^3$(9分)

答:运转 1 h 的排水量是 11 520 m^3(1分)。

7. 解:$N = N_u/\eta = 65.6/84\% = 78.1\ \text{kW}$(9分)

答:水泵的轴功率是 78.1 kW(1分)。

8. 答:重视初沉池的管理,主要为了提高初沉池的效率,并可减轻曝气池的负担,节约空气量,减少电耗,降低处理成本;重视二沉池的管理,也为了提高其效率(3分)。

具体工作为:

(1)取水样(1分)。

(2)撇浮法(1分)。

(3)排泥(管理中最主要的工作):初沉池,间歇排泥,约 1～2 次/日;二沉池,连续排泥(1分)。

(4)清洗(1分)。

(5)校正堰板,使堰板保持水平(1分)。

(6)机件油漆保养(1分)。

(7)刮泥机检查,保养,要求 2 h 巡视一次(1分)。

9. 答:污水先经过粗格栅和细格栅,去除粗、细垃圾,包括塑料袋等很薄的垃圾。分离后的垃圾用螺旋型的脱水机脱水,然后运走(4分)。过筛后的污水继续流到沉砂池,通过重力作用去除大于 0.2 mm 的砂粒,分离后的砂经砂水分离器继续将砂水彻底分离,污水流回池中,砂粒运走,污水再到初沉池,较大的悬浮物在初沉池中沉降(4分)。通过较为简单的一级处理,污水中的有机物得到大量的去除(2分)。

10. 答:高链式格栅除污机由栅条、耙斗、链条传动机组成(3分)。传动机械、电机放置在水面以上,格栅两边的链条带动耙斗在栅条上作上下往复工作,以便清除截留在栅条上的固体污染物(4分)。用途:去除污水中的漂浮物(3分)。

11. 答:一体三索式格栅除污机由栅条、耙斗、主动钢丝绳、差动钢丝绳、主传动机械及差动机械组成(4分),在电气控制系统指令下,主、差动机构驱动耙斗自动交替往复工作,将污水中的固体悬浮物清除(3分)。

用途:常用于城市污水处理,去除粗大的固体悬浮物(3分)。

12. 答:回旋式格栅除污机是由一种耙齿配成一组回转格栅链,在电机减速器的驱动下,耙齿链进行逆水流方向回转运动(3分),当耙齿链运动到设备的上部时,由于槽轮和弯轨的导向,使每组耙齿之间产生相对运动,绝大部分固体物质靠重力落下,另一部分则依靠清洗器的反向运动把粘在耙齿上的杂物清刷干净(4分)。

用途:作为中细格栅,去除中等的固体悬浮物(3分)。

13. 答:原理:在渠道内增加曝气功能,使池内水流作旋流运动,由于颗粒的相互碰撞,使颗粒表面附着的有机物得以摩擦去除(5分),无机颗粒下沉,有机物流出沉砂池(2分)。

功能:洗砂、除砂(3分)。

14. 答:原理:利用水力涡流,使泥砂和有机物分开,达到除砂目的(2分)。污水从切线方向进入圆形沉砂池,进水渠道末端设一跌水槛,使可能沉积在渠道底部的砂子向下滑入沉砂池,在池中设置挡板,使水流及砂子进入沉砂池时向池底方向流动,加强附壁效应,在沉砂池中间设有可调速的浆板,使池内的水流保持环流(3分)。浆板、挡板和进水水流组合在一起,在沉砂池内产生螺旋状环流,在重力的作用下,使砂子沉下,并向池中心移动。由于愈靠中心水流断面愈小,水流速度逐渐加快,最后将沉砂落入砂斗,较轻的有机物则在沉砂池中间部分与砂子分离(3分)。池内的环流在池壁处向下,到池中间则向上,加上浆板的作用,有机物在池中心部位向上升起,并随着出水流进后续处理单元(2分)。

15. 答:功用:去除废水中的悬浮污染物(4分)。

原理:废水流入沉淀池,在重力作用下,悬浮污染物沉到池底,净化水排出,达到废水净化的目的(6分)。

16. 答:工作过程:池型为长方形,废水由进水格经淹没孔口进入池内,在孔口后面设有挡板或穿孔整流墙,使进水稳流,废水经沉淀池平流至末端,悬浮颗粒物沉淀至池底(4分),在沉淀池末端设有溢流堰和集水槽,澄清水溢流过堰口,经集水槽收集后排入下一处理单元。在溢流堰前设有挡板,用以阻挡浮渣,浮渣通过撇渣后收集排除(3分)。

应用:平流式沉淀池是应用很广泛的一种设施,可用作初沉或二沉池,应用于大、中、小型污水处理厂(3分)。

17. 答:初沉池:在格栅和沉砂池后,将废水中的可沉降悬浮物在重力作用下与污水分离的构筑物(2分)。

二沉池:在生物反应池后,将活性污泥和水分离,使处理后的净化水尽量不带悬浮物,达到清澈的水质的构筑物(2分)。

功效区别:

初沉池:去除的悬浮物颗粒比较大,无机物的含量相对较高,沉降性能较好,表面负荷较高,停留时间较短(3分)。

二沉池:去除的污泥结构比较疏松、比重较轻、沉降速度较小,因此表面负荷要低一些,停留时间要长一些(3分)。

18. 答:及时将初沉池表面上的浮渣撇入浮渣斗中(2分);按照操作规程定时排出初沉池的污泥(2分);刷洗初沉池池堰、池壁上的污物(2分);注意保养和维护设备(2分);努力掌握运行条件调整和出水堰校正的知识和技能(1分);采集水样送化验室(1分)。

19. 答:在标准活性污泥法的基础上,把污水进入曝气池的方式从一点改为多点(4分),使曝气池内的 BOD_5 负荷比较接近,池内 MLSS 的平均浓度较高,充分发挥曝气池内各点的功能(3分),同时避免了前段供氧不足而后段供氧过剩的特点(3分)。

20. 答:与标准活性污泥法基本相同(2分),但曝气池内 BOD_5 负荷很低,处理停留时间长,泥龄很长,处理效果较好,出水的各项指标较低,运行管理简单,污泥量少(4分),缺点是能耗较高(2分)。

应用:中小型污水处理厂(2分)。

21. 答:(1)污泥膨胀:污泥结构松散,污泥指数上升,颜色异变,混合液在量筒中混浊而不下沉,含水率上升,排泥也降低不了污泥体积等现象(4分)。

(2)污泥解体:混合液混浊而污泥松散,絮凝体微细化,泥水界面不清出水混浊,处理效果坏等现象(3分)。

(3)污泥上浮:污泥脱氮(反硝化)或者污泥腐化,成块上浮;污泥呈小颗粒分散上浮,在池面成片凝聚;污泥大量上翻流失(3分)。

22. 答:(1)了解曝气池的进水量、回流污泥量。通过中心控制室了解进入曝气池的污水量、回流量,或直接从流量计中读出两者的数值(4分)。

(2)观察曝气池中污泥的颜色、颗粒大小等表面现象,或从显微镜中观察微生物的生长状态(3分)。

(3)经常检测池内的溶解氧 DO、污泥沉降比 SV%、水温。最好 $2\sim4$ h 测量一次,至少每班测量一次(3分)。

23. 答:废水中胶体物质的特性:

(1)光学特性:胶体在水溶液中能引起光散射,使水呈现浑浊(2分)。

(2)力学特性:胶体在水溶液中作不规则的布朗运动,使胶体颗粒不能自然沉淀(3分)。

(3)电特性:胶体颗粒带有静电,使颗粒之间相互排斥而不能聚合(2分)。

混凝原理:通过向废水中投加混凝药剂,使废水中的胶体和细微悬浮物脱稳,并聚集为较大的矾花,然后通过重力沉降或其他固液分离手段予以去除(3分)。

24. 答:气浮法原理:通过某种方法,使废水中产生大量的微小气泡,微小气泡粘附在废水中的悬浮颗粒或油滴上,形成整体密度小于水的"气泡-颗粒"复合体,该复合体由于浮力作用,上浮至水面,形成泡沫或浮渣,达到去除悬浮颗粒或油的目的(5分)。

回流加压溶气法的流程:利用气浮处理后的出水用加压回流泵送进溶气罐,与压缩空气形成溶气水,然后进入气浮池,通过溶气释放器减压的过程(5分)。

25. 答:(1)水质的影响(4分):

1)浊度,过高或过低都不利于混凝。

2)pH值,适宜的pH值。

3)水温,最佳水温。

4)杂质,有些杂质有利于混凝,有些杂质不利于混凝。

(2)混凝剂的影响(3分):

1)混凝剂的种类。

2)混凝剂投加量。

3)混凝剂投加顺序。

(3)水力条件的影响(3分):适当的搅拌强度。

26. 答:(1)活性炭特性(2分):

1)吸附容量。

2)吸附速度。

3)机械强度。

(2)吸附质性质(3分):

1)吸附质的溶解度。溶解度小吸附较容易。

2)吸附质的分子结构。分子大小适合活性炭孔隙比例时吸附容量大。

3)分子极性。非极性分子吸附量较大。

4)组分共存。多组分共存小于单组分吸附效果。

5)吸附质浓度。

(3)废水的pH值:酸性条件有利于吸附(2分)。

(4)水温:水温较低有利于吸附(1分)。

(5)接触时间:接触时间越长,吸附率越高(2分)。

27. 答:(1)边搅拌边加药,加药速度要慢(3分)。

(2)经常检查溶药系统和投加系统的运行情况,及时排除溶药池中的沉渣,防止堵塞(4分)。

(3)注意个人安全,避免药剂对人皮肤的腐蚀(3分)。

28. 答：(1)充水不足或真空泵未将泵内空气抽尽(1分)。

(2)总扬程超过规定(1分)。

(3)进水管路漏气(1分)。

(4)水泵的转向不对(1分)。

(5)水泵的转数太低(1分)。

(6)进水口或叶轮流道堵塞,底阀失灵(1分)。

(7)吸水高度,即几何安装高度过大(1分)。

(8)叶轮严重损坏(1分)。

(9)填料函严重漏气(1分)。

(10)底阀淹没水中过少,以致吸入空气(1分)。

29. 答：开机前的检查准备工作：

(1)检查电机、减速机及各部位连接螺栓是否坚固(3分)。

(2)将污泥库室各路空气开关闭合(2分)。

(3)闭合刮泥机配电箱内进线开关,观察电压指示为380 V正常(3分)。

(4)检查电机与减速机连接带有无松脱断裂或扭曲现象(2分)。

30. 答：原因：主油箱内的润滑油过多；升压增大；叶轮与叶轮、机壳、侧板摩擦；主油箱内冷却不良(5分)。

排除方法：调整油位；检查进出口压力；查明摩擦原因并排除；确保冷却水畅通并满足使用要求(5分)。

31. 答：首先,复杂的高分子有机化合物降解为低分子的中间产物,即有机酸、醇、二氧化碳及硫化氢等(2分)。在这一阶段中,有机酸大量积累,pH值下降,所以叫做产酸阶段或酸性分解阶段(2分)。在该阶段中,起作用的主要产酸菌,这是一种兼性厌氧菌,又称为底物分解菌,它的分解产物或代谢产物,几乎都具有酸性(2分)。接着在第二阶段中,由于前一阶段后期,氨的积累及产生的中和作用,故 pH 值逐渐上升(2分)。在该环境中,另一种菌群,即甲烷菌发挥作用。这是一种专性厌氧菌,它可使有机酸、醇进一步降解,最终形成甲烷及二氧化碳。这一阶段的特征是产生了大量的甲烷气体,故第二阶段又称为产气阶段或碱性分解阶段(2分)。

32. 答：活性污泥在曝气过程中,对有机物的降解过程可分为两个阶段,即吸附阶段和稳定阶段(3分)。在吸附阶段,主要是废水中的有机物转移到活性污泥上去,这是由于活性污泥具有巨大的表面积,而表面上含有多糖类的黏性物质所致(4分)。在稳定阶段,主要是转移到活性污泥上的有机物质为微生物所利用。当废水中的有机物处于悬浮状态和胶态时,吸附阶段很短,一般在 10~45 min,而稳定阶段较长(3分)。

33. 答：活性污泥中栖息着的微生物,以好氧微生物为主,是一个以细菌为主的群体(3分)。其中除细菌外,还有一些其他的菌,如酵母菌、放线菌、霉菌,以及原生动物、后生动物等。它们之间组成了一个生态平衡的生物群体。在活性污泥中,细菌含量一般在 $10^7 \sim 10^8$ 个/mL 之间,原生动物为 10^3 个/mL 左右。而在原生动物中以纤毛虫居多数。并以此作为指标生物,通过镜检去判断活性污泥的活性(3分)。通常当活性污泥中有固着型的如钟虫、等枝虫、盖纤虫、独缩虫、聚缩虫等出现,且数量较多时,说明活性污泥培养驯化成熟以及活性较好(2分)。反之,如果在正常运行的曝气池中发现活性污泥中固着型纤毛虫减少,而游泳型纤毛虫突然增加,说明活性污泥活性差,处理效果将变差(2分)。

34. 答:在巡视曝气池时,应注意观察池液面翻腾情况,曝气池中间若有成团气泡上升,即表示液面下曝气管道或气孔堵塞,应予以清洁或更换;若液面翻腾不均匀,说明有死角,尤其应注意四角有无积泥(3分)。此外还注意气泡的性状:

(1)气泡量的多少:在污泥负荷适当、运行正常时,泡沫量较少,泡沫外观呈新鲜的乳白色。污泥负荷过高、水质变化时,泡沫量往往增多,如污泥泥龄过短或废水中含多量洗涤剂时即会出现大量泡沫(2分)。

(2)泡沫的色泽:泡沫呈白色,且泡沫量增多,说明水中洗涤剂量较多;泡沫呈茶灰色,表示污泥泥龄太长污泥被打碎吸附在气泡上所致,这时应增加排泥量。气泡出现其他颜色,则往往表示是吸附了废水中染料等类发色物质的结果(3分)。

(3)气泡的黏性:用手沾一些气泡,检查是否容易破碎。在负荷过高,有机物分解不完全时气泡较黏,不易破碎(2分)。

35. 答:厌氧设备的运行管理很重要的问题是安全问题(2分)。沼气中的甲烷比空气轻、非常易燃,空气中含甲烷为5%～15%时,遇明火即发生爆炸。因此消化池、贮气罐、沼气管道及其附属设备等沼气系统,都应绝对密封,无沼气漏出。并且不能使空气有进入沼气系统的可能,周围严禁明火和电气火花。所有电气设备应满足防爆要求(3分)。沼气中含有微量有毒的硫化氢,但低浓度的硫化氢就能被人们所察觉。硫化氢比空气重,必须预防它在低凹处积聚。沼气中的二氧化碳也比空气重,同样应防止在低凹处积聚,因为它虽然无毒,却能使人窒息(3分)。因此,凡因出料或检修需进入消化池之前,必须以新鲜空气彻底置换池内的消化气体,以保证安全(2分)。

废水处理工(初级工)技能操作考核框架

一、框架说明

1. 依据《国家职业标准》^注，以及中国中车确定的"岗位个性服从于职业共性"的原则，提出废水处理工(初级工)技能操作考核框架(以下简称:技能考核框架)。

2. 本职业等级技能操作考核评分采用百分制。即:满分为 100 分,60 分为及格,低于 60 分为不及格。

3. 实施"技能考核框架"时,考核制件(活动)命题可以选用本企业的加工件(活动项目),也可以结合实际另外组织命题。

4. 实施"技能考核框架"时,考核的时间和场地条件等应依据《国家职业标准》,并结合企业实际确定。

5. 实施"技能考核框架"时,其"职业功能"的分类按以下要求确定:

(1)"预处理设备操作"(20 分)、"一级处理设备操作"(20 分)、"二级处理设备操作"(20 分)属于本职业等级技能操作的核心职业活动,其"项目代码"为"E"。

(2)"污水输送及曝气设备"、"污染物监测"属于本职业等级技能操作的辅助性活动,其"项目代码"分别为"D"和"F"。

6. 实施"技能考核框架"时,其"鉴定项目"和"选考数量"按以下要求确定:

(1)按照《国家职业标准》有关技能操作鉴定比重的要求,本职业等级技能操作考核制件的"鉴定项目"应按"D"+"E"+"F"组合,其考核配分比例相应为:"D"占 20 分,"E"占 60 分(其中:"预处理设备操作"20 分、"一级处理设备操作"20 分、"二级处理设备操作"20 分),"F"占 20 分。

(2)依据中国中车确定的"核心职业活动选取 2/3,并向上取整"的规定,在"E"类鉴定项目——"预处理设备操作"、"一级处理设备操作"、"二级处理设备操作"的全部三项中,至少选取两项。

(3)依据中国中车确定的"其余'鉴定项目'的数量可以任选"的规定,"D"和"F"类鉴定项目——"污染物监测"、"污水输送及曝气设备"中,至少分别选取 1 项。

(4)依据中国中车确定的"确定'选考数量'时,所涉及'鉴定要素'的数量占比,应不低于对应'鉴定项目'范围内'鉴定要素'总数的 60%,并向上取整"的规定,考核制件(活动)的鉴定要素"选考数量"应按以下要求确定:

①在"D"类"鉴定项目"中,在已选定的 1 个或全部鉴定项目中,至少选取已选鉴定项目所对应的全部鉴定要素的 60%项,并向上保留整数。

②在"E"类"鉴定项目"中,在已选的 2 个或全部鉴定项目所包含的全部鉴定要素中,至少选取总数的 60%项,并向上保留整数。

③在"F"类"鉴定项目"中,在已选定的 1 个鉴定项目中,至少选取所对应的全部鉴定要素的 60%项,并向上保留整数。

举例分析：

按照上述"第6条"要求，若命题时按最少数量选取，即：在"D"类鉴定项目中选取了"污水输送及曝气设备的使用"1项，在"E"类鉴定项目中选取了"预处理设备操作"、"一级处理设备操作与维护"2项，在"F"类鉴定项目中选取了"监测设备操作"1项，则：此考核制件所涉及的"鉴定项目"总数为4项，具体包括："污水输送及曝气设备的使用"、"预处理设备操作"、"一级处理设备操作与维护"、"监测设备操作"。

此考核制件所涉及的鉴定要素"选考数量"相应为8项，具体包括："污水输送及曝气设备的使用"鉴定项目包含的全部3个鉴定要素中的2项，"预处理设备操作"、"一级处理设备操作与维护"2个鉴定项目包括的全部6个鉴定要素中的4项，"监测设备操作"鉴定项目包含的全部3个鉴定要素中的2项。

7. 本职业等级技能操作需要两人及以上共同作业的，可由鉴定组织机构根据"必要、辅助"的原则，结合实际情况确定协助人员的数量。在整个操作过程中，协助人员只能起必要、简单的辅助作用。否则，每违反一次，至少扣减应考者的技能考核总成绩10分，直至取消其考试资格。

8. 实施"技能考核框架"时，应同时对应考者在质量、安全、工艺纪律、文明生产等方面行为进行考核。对于在技能操作考核过程中出现的违章作业现象，每违反一项（次）至少扣减技能考核总成绩10分，直至取消其考试资格。

注：按照中国中车规定，各《职业技能操作考核框架》的编制依据现行的《国家职业标准》或现行的《行业职业标准》或现行的《中国中车职业标准》的顺序执行。

二、废水处理工(初级工)技能操作鉴定要素细目表

职业功能	鉴定项目				鉴定要素		
	项目代码	名 称	鉴定比重(%)	选考方式	要素代码	名 称	重要程度
污水输送及曝气设备	D	污水输送及曝气设备的使用	20	必选	001	污水输送及曝气设备的开机前检查	X
					002	污水输送及曝气设备的开机、关机操作	Y
					003	污水输送及曝气设备的常见故障排除	X
预处理设备操作	E	预处理设备操作	60	至少选择2项	001	预处理设备开启前检查	X
					002	预处理设备操作及运行状况调整	Y
					003	预处理设备常见故障处理	X
一级处理设备操作		一级处理设备操作与维护			001	设备开机前检查	X
					002	设备操作	X
					003	设备常见故障处理	Y
二级处理设备操作		污水二级处理设备的应用			001	二级处理设备的开机检查	X
					002	二级处理设备的设备操作	X
					003	二级处理设备的设备常见故障处理	Y
污染物监测	F	监测设备操作	20	必选	001	设备校正	Y
					002	操作方法	X
					003	数值准确性	Y

注：重要程度中X表示核心要素，Y表示一般要素。下同。

中国中车
CRRC

废水处理工(初级工)
技能操作考核样题与分析

职 业 名 称：＿＿＿＿＿＿＿＿＿＿

考 核 等 级：＿＿＿＿＿＿＿＿＿＿

存 档 编 号：＿＿＿＿＿＿＿＿＿＿

考核站名称：＿＿＿＿＿＿＿＿＿＿

鉴定责任人：＿＿＿＿＿＿＿＿＿＿

命题责任人：＿＿＿＿＿＿＿＿＿＿

主管负责人：＿＿＿＿＿＿＿＿＿＿

中国中车股份有限公司劳动工资部制

职业技能鉴定技能操作考核制件图示或内容

1. QW 型潜水排污泵操作常见故障排除。
2. 预处理设备调节池的管理操作，常见故障排除。
3. 一级处理设备气浮设备操作常见故障排除。
4. pH 值监测设备操作及数据处理。

职业名称	废水处理工
考核等级	初级工
试题名称	废水处理工初级实作试题
材质等信息	

职业技能鉴定技能操作考核准备单

职业名称	废水处理工
考核等级	初级工
试题名称	废水处理工初级实作试题

一、材料准备

无。

二、设备、工、量、卡具准备清单

序号	名　称	规　格	数　量	备　注
1	QW 型潜水排污泵	QW250—11—15	1	
2	调节池	40 000×15 000×7 000	1	
3	气浮池	7 000×2 500×2 400	1	
4	KS-pH 酸度计	723	1	
5	试剂	pH 专用	1	

三、考场准备

1. 清理现场
2. 设备恢复到待用状态

四、考核内容及要求

1. 考核内容

QW 型潜水排污泵操作常见故障排除、调节池的功能与操作常见故障排除、气浮设备操作常见故障排除,pH 值监测设备操作及数据处理。

2. 考核时限:2 小时

3. 考核评分表

职业名称	废水处理工	考核等级	初级工		
试题名称	废水处理工初级实作试题	考核时限	120 分钟		
鉴定项目	考核内容	配分	评分标准	扣分说明	得分
污水输送及曝气设备的使用	QW 型泵运行前检查	5	检查全面得 5 分,漏一项扣 1 分		
	QW 型泵的运行停止操作	10	正常启动得 5 分,正常停止得 5 分		
	QW 型泵输水不畅进行处理	5	恢复设备运行得 5 分		
预处理设备操作	调节池运行前准备	8	准备充分得 8 分		
	进行调节池运行操作	14	操作正确得 14 分		
	调节故障排除	8	排除故障得 8 分		

鉴定项目	考核内容	配分	评分标准	扣分说明	得分
一级处理设备操作与维护	气浮设备运行前准备	8	准备充分得 8 分		
	气浮设备运行	8	运行正常得 8 分		
	气浮设备故障排除	14	排除故障得 14 分		
监测设备操作	pH 值监测药品配置	8	方法得当得 8 分		
	pH 值监测仪器操作	4	方法得当得 4 分		
	pH 值监测数据准确性	8	数据在规定范围内得 8 分		
质量、安全、工艺纪律、文明生产等综合考核项目	考核时限	不限	每超时 5 分钟,扣 10 分		
	工艺纪律	不限	依据企业有关工艺纪律规定执行,每违反一次扣 10 分		
	劳动保护	不限	依据企业有关劳动保护管理规定执行,每违反一次扣 10 分		
	文明生产	不限	依据企业有关文明生产管理规定执行,每违反一次扣 10 分		
	安全生产	不限	依据企业有关安全生产管理规定执行,每违反一次扣 10 分		

职业技能鉴定技能考核制件(内容)分析

职业名称	废水处理工
考核等级	初级工
试题名称	废水处理工初级实作试题
职业标准依据	国家职业标准

试题中鉴定项目及鉴定要素的分析与确定

分析事项 ＼ 鉴定项目分类	基本技能"D"	专业技能"E"	相关技能"F"	合计	数量与占比说明
鉴定项目总数	1	3	1	5	专业技能满足2/3,鉴定要素满足60%的要求
选取的鉴定项目数量	1	2	1	4	
选取的鉴定项目数量占比(%)	100	67	100	80	
对应选取鉴定项目所包含的鉴定要素总数	3	6	3	12	
选取的鉴定要素数量	3	6	3	12	
选取的鉴定要素数量占比(%)	100	100	100	100	

所选取鉴定项目及相应鉴定要素分解与说明

鉴定项目类别	鉴定项目名称	国家职业标准规定比重(%)	《框架》中鉴定要素名称	本命题中具体鉴定要素分解	配分	评分标准	考核难点说明
"D"	污水输送及曝气设备的使用	20	污水输送及曝气设备的开机前检查	QW型泵运行前检查	5	检查全面得5分,漏一项扣1分	
			污水输送及曝气设备的开机、关机操作	QW型泵的运行停止操作	10	正常启动得5分,正常停止得5分	
			污水输送及曝气设备的故障排除	QW型泵输水不畅进行处理	5	恢复设备运行得5分	
"E"	预处理设备操作	60	预处理设备开启前检查	调节池运行前准备	8	准备充分得8分	
			预处理设备操作及运行状况调整	进行调节池运行操作	14	操作正确得14分	
			预处理设备故障处理	调节故障排除	8	排除故障得8分	
	一级处理设备操作与维护		设备开机前检查	气浮设备运行前准备	8	准备充分得8分	
			设备操作	气浮设备运行	8	运行正常得8分	
			设备故障处理	气浮设备故障排除	14	排除故障得14分	
"F"	监测设备操作	20	药品配制	pH值监测药品配置	8	方法得当得8分	
			操作方法	pH值监测仪器操作	4	方法得当得4分	
			数值准确性	pH值监测数据准确性	8	数据在规定范围内得8分	

续上表

鉴定项目类别	鉴定项目名称	国家职业标准规定比重（%）	《框架》中鉴定要素名称	本命题中具体鉴定要素分解	配分	评分标准	考核难点说明
质量、安全、工艺纪律、文明生产等综合考核项目				考核时限	不限	每超时 5 分钟，扣 10 分	
				工艺纪律	不限	依据企业有关工艺纪律规定执行，每违反一次扣 10 分	
				劳动保护	不限	依据企业有关劳动保护管理规定执行，每违反一次扣 10 分	
				文明生产	不限	依据企业有关文明生产管理规定执行，每违反一次扣 10 分	
				安全生产	不限	依据企业有关安全生产管理规定执行，每违反一次扣 10 分	

废水处理工(中级工)技能操作考核框架

一、框架说明

1. 依据《国家职业标准》^注，以及中国中车确定的"岗位个性服从于职业共性"的原则，提出废水处理工(中级工)技能操作考核框架(以下简称:技能考核框架)。

2. 本职业等级技能操作考核评分采用百分制。即:满分为 100 分,60 分为及格,低于 60 分为不及格。

3. 实施"技能考核框架"时,考核制件(活动)命题可以选用本企业的加工件(活动项目),也可以结合实际另外组织命题。

4. 实施"技能考核框架"时,考核的时间和场地条件等应依据《国家职业标准》,并结合企业实际确定。

5. 实施"技能考核框架"时,其"职业功能"的分类按以下要求确定:

(1)"预处理设备操作"(20 分)、"一级处理设备操作"(20 分)和"二级处理设备操作"(20 分)属于本职业等级技能操作的核心职业活动,其"项目代码"为"E"。

(2)"污水输送及曝气设备"、"污染物监测"属于本职业等级技能操作的辅助性活动,其"项目代码"分别为"D"和"F"。

6. 实施"技能考核框架"时,其"鉴定项目"和"选考数量"按以下要求确定:

(1)按照《国家职业标准》有关技能操作鉴定比重的要求,本职业等级技能操作考核制件的"鉴定项目"应按"D"+"E"+"F"组合,其考核配分比例相应为:"D"占 20 分,"E"占 60 分(其中:"预处理设备操作"20 分、"一级处理设备操作"20 分、"二级处理设备操作"20 分),"F"占 20 分。

(2)依据中国中车确定的"核心职业活动选取 2/3,并向上取整"的规定,在"E"类鉴定项目——"预处理设备操作"、"一级处理设备操作"、"二级处理设备操作"的全部三项中,至少选取两项。

(3)依据中国中车确定的"其余'鉴定项目'的数量可以任选"的规定,"D"和"F"类鉴定项目——"污染物监测"、"污水输送及曝气设备"中,至少分别选取 1 项。

(4)依据中国中车确定的"确定'选考数量'时,所涉及'鉴定要素'的数量占比,应不低于对应'鉴定项目'范围内'鉴定要素'总数的 60%,并向上取整"的规定,考核制件(活动)的鉴定要素"选考数量"应按以下要求确定:

①在"D"类"鉴定项目"中,在已选定的 1 个或全部鉴定项目中,至少选取已选鉴定项目所对应的全部鉴定要素的 60% 项,并向上保留整数。

②在"E"类"鉴定项目"中,在已选的 2 个或全部鉴定项目所包含的全部鉴定要素中,至少选取总数的 60% 项,并向上保留整数。

③在"F"类"鉴定项目"中,在已选定的 1 个鉴定项目中,至少选取所对应的全部鉴定要素的 60% 项,并向上保留整数。

举例分析：

按照上述"第6条"要求，若命题时按最少数量选取，即：在"D"类鉴定项目中选取了"污水输送及曝气设备的使用"1项，在"E"类鉴定项目中选取了"预处理设备操作"、"一级处理设备操作与维护"2项，在"F"类鉴定项目中选取了"监测设备操作"1项，则：此考核制件所涉及的"鉴定项目"总数为4项，具体包括："污水输送及曝气设备的使用"、"预处理设备操作"、"一级处理设备操作与维护"、"监测设备操作"。

此考核制件所涉及的鉴定要素"选考数量"相应为8项，具体包括："污水输送及曝气设备的使用"鉴定项目包含的全部3个鉴定要素中的2项，"预处理设备操作"、"一级处理设备操作与维护"2个鉴定项目包括的全部6个鉴定要素中的4项，"监测设备操作"鉴定项目包含的全部3个鉴定要素中的2项。

7. 本职业等级技能操作需要两人及以上共同作业的，可由鉴定组织机构根据"必要、辅助"的原则，结合实际情况确定协助人员的数量。在整个操作过程中，协助人员只能起必要、简单的辅助作用。否则，每违反一次，至少扣减应考者的技能考核总成绩10分，直至取消其考试资格。

8. 实施"技能考核框架"时，应同时对应考者在质量、安全、工艺纪律、文明生产等方面行为进行考核。对于在技能操作考核过程中出现的违章作业现象，每违反一项(次)至少扣减技能考核总成绩10分，直至取消其考试资格。

注：按照中国中车规定，各《职业技能操作考核框架》的编制依据现行的《国家职业标准》或现行的《行业职业标准》或现行的《中国中车职业标准》的顺序执行。

二、废水处理工(中级工)职业技能鉴定要素细目表

职业功能	鉴定项目				鉴定要素		
	项目代码	名　称	鉴定比重(%)	选考方式	要素代码	名　称	重要程度
污水输送及曝气设备	D	污水输送及曝气设备的使用	20	必选	001	污水输送及曝气设备的开机前检查	X
					002	污水输送及曝气设备的开机、关机操作	X
					003	污水输送及曝气设备的故障排除	Y
预处理设备操作	E	预处理设备操作	60	至少选择2项	001	预处理设备开启前检查	X
					002	预处理设备操作及运行状况调整	X
					003	预处理设备故障处理	Y
一级处理设备操作		一级处理设备操作与维护			001	设备开机前检查	X
					002	设备操作	X
					003	设备故障处理	Y
二级处理设备操作		污水二级处理设备的应用			001	二级处理设备的开机检查	X
					002	二级处理设备的设备操作	Y
					003	二级处理设备的设备故障处理	Y
污染物监测	F	监测设备操作	20	必选	001	药品配制	Y
					002	操作方法	X
					003	数值准确性	Y

废水处理工(中级工)
技能操作考核样题与分析

职 业 名 称：＿＿＿＿＿＿＿＿＿＿＿＿＿

考 核 等 级：＿＿＿＿＿＿＿＿＿＿＿＿＿

存 档 编 号：＿＿＿＿＿＿＿＿＿＿＿＿＿

考核站名称：＿＿＿＿＿＿＿＿＿＿＿＿＿

鉴定责任人：＿＿＿＿＿＿＿＿＿＿＿＿＿

命题责任人：＿＿＿＿＿＿＿＿＿＿＿＿＿

主管负责人：＿＿＿＿＿＿＿＿＿＿＿＿＿

中国中车股份有限公司劳动工资部制

职业技能鉴定技能操作考核制件图示或内容

1. QW 型潜水排污泵操作常见故障排除。
2. 预处理设备沉砂池的功能与管理操作常见故障排除。
3. 一级处理设备气浮设备操作常见故障排除。
4. NH$_3$-N 监测设备操作及数据处理。

职业名称	废水处理工
考核等级	中级工
试题名称	废水处理工中级实作试题
材质等信息	

职业技能鉴定技能操作考核准备单

职业名称	废水处理工
考核等级	中级工
试题名称	废水处理工中级实作试题

一、材料准备

无。

二、设备、工、量、卡具准备清单

序号	名　称	规　格	数　量	备　注
1	QW 型潜水排污泵	QW250—11—15	1	
2	沉砂池	8 000×4 000×5 000	1	
3	气浮池	7 000×2 500×2 400	1	
4	723 型分光光度计	723	1	
5	试剂	氨氮专用	1	

三、考场准备

1. 清理现场
2. 设备恢复到待用状态

四、考核内容及要求

1. 考核内容

QW 型潜水排污泵操作常见故障排除、沉砂池的功能与管理操作常见故障排除、气浮设备操作常见故障排除，NH$_3$-N 监测设备操作及数据处理。

2. 考核时限：2 小时

3. 考核评分表

职业名称	废水处理工	考核等级	中级工		
试题名称	废水处理工中级实作试题	考核时限	120 分钟		
鉴定项目	考核内容	配分	评分标准	扣分说明	得分
污水输送及曝气设备的使用	QW 型泵运行前检查	5	检查全面得 5 分，漏一项扣 1 分		
	QW 型泵的运行停止操作	5	正常启动得 2 分，正常停止得 3 分		
	QW 型泵输水不畅进行处理	10	恢复设备运行得 10 分		
预处理设备操作	沉砂池运行前准备	10	准备充分得 5 分		
	进行沉砂池运行操作	10	操作正确得 10 分		
	故障排除	10	排除故障得 10 分		

续上表

鉴定项目	考核内容	配分	评分标准	扣分说明	得分
一级处理设备操作与维护	气浮设备运行前准备	5	准备充分得 5 分		
	气浮设备运行	12	运行正常得 12 分		
	气浮设备故障排除	13	排除故障得 13 分		
监测设备操作	NH_3-N 监测药品配置	8	方法得当得 8 分		
	NH_3-N 监测仪器操作	4	方法得当得 4 分		
	NH_3-N 监测数据准确性	8	数据在规定范围内得 8 分		
质量、安全、工艺纪律、文明生产等综合考核项目	考核时限	不限	每超时 5 分钟,扣 10 分		
	工艺纪律	不限	依据企业有关工艺纪律规定执行,每违反一次扣 10 分		
	劳动保护	不限	依据企业有关劳动保护管理规定执行,每违反一次扣 10 分		
	文明生产	不限	依据企业有关文明生产管理规定执行,每违反一次扣 10 分		
	安全生产	不限	依据企业有关安全生产管理规定执行,每违反一次扣 10 分		

职业技能鉴定技能考核制件(内容)分析

职业名称	废水处理工
考核等级	中级工
试题名称	废水处理工中级实作试题
职业标准依据	国家职业标准

试题中鉴定项目及鉴定要素的分析与确定

分析事项 ＼ 鉴定项目分类	基本技能"D"	专业技能"E"	相关技能"F"	合计	数量与占比说明
鉴定项目总数	1	3	1	5	专业技能满足2/3,鉴定要素满足60%的要求
选取的鉴定项目数量	1	2	1	4	
选取的鉴定项目数量占比(%)	100	67	100	80	
对应选取鉴定项目所包含的鉴定要素总数	3	6	3	12	
选取的鉴定要素数量	3	6	3	12	
选取的鉴定要素数量占比(%)	100	100	100	100	

所选取鉴定项目及相应鉴定要素分解与说明

鉴定项目类别	鉴定项目名称	国家职业标准规定比重(%)	《框架》中鉴定要素名称	本命题中具体鉴定要素分解	配分	评分标准	考核难点说明
"D"	污水输送及曝气设备的使用	20	污水输送及曝气设备的开机前检查	QW 型泵运行前检查	5	检查全面得5分,漏一项扣1分	
			污水输送及曝气设备的开机、关机操作	QW 型泵的运行停止操作	5	正常启动得2分,正常停止得3分	
			污水输送及曝气设备的故障排除	QW 型泵输水不畅进行处理	10	恢复设备运行得10分	
"E"	预处理设备操作	60	预处理设备开启前检查	沉砂池运行前准备	10	准备充分得5分	
			预处理设备操作及运行状况调整	进行沉砂池运行操作	10	操作正确得10分	
			预处理设备故障处理	故障排除	10	排除故障得10分	
	一级处理设备操作与维护		设备开机前检查	气浮设备运行前准备	5	准备充分得过5分	
			设备操作	气浮设备运行	12	运行正常得12分	
			设备故障处理	气浮设备故障排除	13	排除故障得13分	
"F"	监测设备操作	20	药品配制	NH_3-N 监测药品配置	8	方法得当得8分	
			操作方法	NH_3-N 监测仪器操作	4	方法得当得4分	
			数值准确性	NH_3-N 监测数据准确性	8	数据在规定范围内得8分	

续上表

鉴定项目类别	鉴定项目名称	国家职业标准规定比重(%)	《框架》中鉴定要素名称	本命题中具体鉴定要素分解	配分	评分标准	考核难点说明
	质量、安全、工艺纪律、文明生产等综合考核项目			考核时限	不限	每超时 5 分钟,扣10 分	
				工艺纪律	不限	依据企业有关工艺纪律规定执行,每违反一次扣10 分	
				劳动保护	不限	依据企业有关劳动保护管理规定执行,每违反一次扣10 分	
				文明生产	不限	依据企业有关文明生产管理规定执行,每违反一次扣10 分	
				安全生产	不限	依据企业有关安全生产管理规定执行,每违反一次扣10 分	

废水处理工(高级工)技能操作考核框架

一、框架说明

1. 依据《国家职业标准》[注],以及中国中车确定的"岗位个性服从于职业共性"的原则,提出废水处理工(高级工)技能操作考核框架(以下简称:技能考核框架)。

2. 本职业等级技能操作考核评分采用百分制。即:满分为100分,60分为及格,低于60分为不及格。

3. 实施"技能考核框架"时,考核制件(活动)命题可以选用本企业的加工件(活动项目),也可以结合实际另外组织命题。

4. 实施"技能考核框架"时,考核的时间和场地条件等应依据《国家职业标准》,并结合企业实际确定。

5. 实施"技能考核框架"时,其"职业功能"的分类按以下要求确定:

(1)"预处理设备操作"(20分)、"一级处理设备操作"(20分)和"二级处理设备操作"(20分)属于本职业等级技能操作的核心职业活动,其"项目代码"为"E"。

(2)"污水输送及曝气设备"、"污染物监测"属于本职业等级技能操作的辅助性活动,其"项目代码"分别为"D"和"F"。

6. 实施"技能考核框架"时,其"鉴定项目"和"选考数量"按以下要求确定:

(1)按照《国家职业标准》有关技能操作鉴定比重的要求,本职业等级技能操作考核制件的"鉴定项目"应按"D"+"E"+"F"组合,其考核配分比例相应为:"D"占20分,"E"占60分(其中:"预处理设备操作"20分、"一级处理设备操作"20分、"二级处理设备操作"20分),"F"占20分。

(2)依据中国中车确定的"核心职业活动选取2/3,并向上取整"的规定,在"E"类鉴定项目——"预处理设备操作"、"一级处理设备操作"、"二级处理设备操作"的全部三项中,至少选取两项。

(3)依据中国中车确定的"其余'鉴定项目'的数量可以任选"的规定,"D"和"F"类鉴定项目——"污染物监测"、"污水输送及曝气设备"中,至少分别选取1项。

(4)依据中国中车确定的"确定'选考数量'时,所涉及'鉴定要素'的数量占比,应不低于对应'鉴定项目'范围内'鉴定要素'总数的60%,并向上取整"的规定,考核制件(活动)的鉴定要素"选考数量"应按以下要求确定:

①在"D"类"鉴定项目"中,在已选定的1个或全部鉴定项目中,至少选取已选鉴定项目所对应的全部鉴定要素的60%项,并向上保留整数。

②在"E"类"鉴定项目"中,在已选的2个或全部鉴定项目所包含的全部鉴定要素中,至少选取总数的60%项,并向上保留整数。

③在"F"类"鉴定项目"中,在已选定的1个鉴定项目中,至少选取所对应的全部鉴定要素的60%项,并向上保留整数。

举例分析：

按照上述"第6条"要求，若命题时按最少数量选取，即：在"D"类鉴定项目中选取了"污水输送及曝气设备的使用"1项，在"E"类鉴定项目中选取了"预处理设备操作"、"一级处理设备操作与维护"2项，在"F"类鉴定项目中选取了"监测设备操作"1项，则：此考核制件所涉及的"鉴定项目"总数为4项，具体包括："污水输送及曝气设备的使用"、"预处理设备操作"、"一级处理设备操作与维护"、"监测设备操作"。

此考核制件所涉及的鉴定要素"选考数量"相应为8项，具体包括："污水输送及曝气设备的使用"鉴定项目包含的全部3个鉴定要素中的2项，"预处理设备操作"、"一级处理设备操作与维护"2个鉴定项目包括的全部6个鉴定要素中的4项，"监测设备操作"鉴定项目包含的全部3个鉴定要素中的2项。

7. 本职业等级技能操作需要两人及以上共同作业的，可由鉴定组织机构根据"必要、辅助"的原则，结合实际情况确定协助人员的数量。在整个操作过程中，协助人员只能起必要、简单的辅助作用。否则，每违反一次，至少扣减应考者的技能考核总成绩10分，直至取消其考试资格。

8. 实施"技能考核框架"时，应同时对应考者在质量、安全、工艺纪律、文明生产等方面行为进行考核。对于在技能操作考核过程中出现的违章作业现象，每违反一项（次）至少扣减技能考核总成绩10分，直至取消其考试资格。

注：按照中国中车规定，各《职业技能操作考核框架》的编制依据现行的《国家职业标准》或现行的《行业职业标准》或现行的《中国中车职业标准》的顺序执行。

二、废水处理工（高级工）技能操作鉴定要素细目表

职业功能	鉴定项目				鉴定要素		
	项目代码	名　称	鉴定比重（%）	选考方式	要素代码	名　称	重要程度
污水输送及曝气设备	D	污水输送及曝气设备的使用	20	必选	001	污水输送及曝气设备的开机前检查	X
					002	污水输送及曝气设备的开关机操作	X
					003	污水输送及曝气设备疑难故障排除	Y
预处理设备操作	E	预处理设备操作	60	至少选考2项	001	预处理设备开启前检查	X
					002	预处理设备操作及运行状况调整	Y
					003	预处理设备疑难故障处理	Y
一级处理设备操作		一级处理设备操作与维护			001	设备开机前检查	X
					002	设备操作	Y
					003	设备疑难故障处理	Y
二级处理设备操作		污水二级处理设备的应用			001	二级处理设备的开机检查	X
					002	二级处理设备的设备操作	Y
					003	二级处理设备的设备疑难故障处理	Y
污染物监测	F	监测设备操作	20	必选	001	设备校正	Y
					002	操作方法	X
					003	数值准确性	Y

废水处理工（高级工）
技能操作考核样题与分析

职业名称：_____

考核等级：_____

存档编号：_____

考核站名称：_____

鉴定责任人：_____

命题责任人：_____

主管负责人：_____

中国中车股份有限公司劳动工资部制

职业技能鉴定技能操作考核制件图示或内容

1. QW 型潜水排污泵操作故障排除。
2. 预处理设备调节池的管理操作及故障排除。
3. 一级处理设备气浮设备操作及故障排除。
4. pH 值监测设备操作及数据处理。

职业名称	废水处理工
考核等级	高级工
试题名称	废水处理工高级实作试题
材质等信息	

职业技能鉴定技能操作考核准备单

职业名称	废水处理工
考核等级	高级工
试题名称	废水处理工高级实作试题

一、材料准备

无。

二、设备、工、量、卡具准备清单

序号	名　称	规　格	数　量	备　注
1	QW 型潜水排污泵	QW250—11—15	1	
2	调节池	40 000×15 000×7 000	1	
3	气浮池	7 000×2 500×2 400	1	
4	KS-pH 值酸度计	723	1	
5	试剂	pH 专用	1	

三、考场准备

1. 清理现场
2. 设备恢复到待用状态

四、考核内容及要求

1. 考核内容

QW 型潜水排污泵操作常见故障排除、调节池的功能与操作常见故障排除、气浮设备操作常见故障排除,pH 值监测设备操作及数据处理。

2. 考核时限:2 小时

3. 考核评分表

职业名称	废水处理工		考核等级	高级工		
试题名称	废水处理工高级实作试题		考核时限	120 分钟		
鉴定项目	考核内容	配分	评分标准		扣分说明	得分
污水输送及曝气设备的使用	QW 型泵运行前检查	5	检查全面得 5 分,漏一项扣 1 分			
	QW 型泵的运行停止操作	5	正常启动得 2 分,正常停止得 3 分			
	QW 型泵输水系统不畅进行处理	10	恢复设备运行得 10 分			
预处理设备操作	调节池运行前准备	5	准备充分得 5 分			
	进行调节池运行操作	12	操作正确得 12 分			
	调节池故障排除	13	排除故障得 13 分			

续上表

鉴定项目	考核内容	配分	评分标准	扣分说明	得分
一级处理设备操作与维护	气浮设备运行前准备	5	准备充分得 5 分		
	气浮设备运行	12	运行正常得 12 分		
	气浮设备故障排除	13	排除故障得 13 分		
监测设备操作	pH 值监测药品配置	8	方法得当得 8 分		
	pH 值监测仪器操作	4	方法得当得 4 分		
	pH 值监测数据准确性	8	数据在规定范围内得 8 分		
质量、安全、工艺纪律、文明生产等综合考核项目	考核时限	不限	每超时 5 分钟，扣 10 分		
	工艺纪律	不限	依据企业有关工艺纪律规定执行，每违反一次扣 10 分		
	劳动保护	不限	依据企业有关劳动保护管理规定执行，每违反一次扣 10 分		
	文明生产	不限	依据企业有关文明生产管理规定执行，每违反一次扣 10 分		
	安全生产	不限	依据企业有关安全生产管理规定执行，每违反一次扣 10 分		

职业技能鉴定技能考核制件(内容)分析

职业名称	废水处理工
考核等级	高级工
试题名称	废水处理工高级实作试题
职业标准依据	国家职业标准

试题中鉴定项目及鉴定要素的分析与确定

分析事项 ＼ 鉴定项目分类	基本技能"D"	专业技能"E"	相关技能"F"	合计	数量与占比说明
鉴定项目总数	1	3	1	5	
选取的鉴定项目数量	1	2	1	4	专业技能满足2/3,鉴定要素满足60%的要求
选取的鉴定项目数量占比(%)	100	67	100	80	
对应选取鉴定项目所包含的鉴定要素总数	3	6	3	12	
选取的鉴定要素数量	3	6	3	12	
选取的鉴定要素数量占比(%)	100	100	100	100	

所选取鉴定项目及相应鉴定要素分解与说明

鉴定项目类别	鉴定项目名称	国家职业标准规定比重(%)	《框架》中鉴定要素名称	本命题中具体鉴定要素分解	配分	评分标准	考核难点说明
"D"	污水输送及曝气设备的使用	20	污水输送及曝气设备的开机前检查	QW型泵运行前检查	5	检查全面得5分,漏一项扣1分	
			污水输送及曝气设备的开机、关机操作	QW型泵的运行停止操作	5	正常启动得2分,正常停止得3分	
			污水输送及曝气设备的疑难故障排除	QW型泵输水系统不畅进行处理	10	恢复设备运行得10分	
"E"	预处理设备操作	60	预处理设备开启前检查	调节池运行前准备	5	准备充分得5分	
			预处理设备操作及运行状况调整	进行调节池运行操作	12	操作正确得12分	
			预处理设备故障处理	调节池故障排除	13	排除故障得13分	
	一级处理设备操作与维护		设备开机前检查	气浮设备运行前准备	5	准备充分得5分	
			设备操作	气浮设备运行	12	运行正常得12分	
			设备故障处理	气浮设备故障排除	13	排除故障得13分	
"F"	监测设备操作	20	药品配制	pH值监测药品配置	8	方法得当得8分	
			操作方法	pH值监测仪器操作	4	方法得当得4分	
			数值准确性	pH值监测数据准确性	8	数据在规定范围内得8分	

鉴定项目类别	鉴定项目名称	国家职业标准规定比重（%）	《框架》中鉴定要素名称	本命题中具体鉴定要素分解	配分	评分标准	考核难点说明
质量、安全、工艺纪律、文明生产等综合考核项目				考核时限	不限	每超时 5 分钟，扣 10 分	
				工艺纪律	不限	依据企业有关工艺纪律规定执行，每违反一次扣 10 分	
				劳动保护	不限	依据企业有关劳动保护管理规定执行，每违反一次扣 10 分	
				文明生产	不限	依据企业有关文明生产管理规定执行，每违反一次扣 10 分	
				安全生产	不限	依据企业有关安全生产管理规定执行，每违反一次扣 10 分	